# 湖北省野生兰科植物
## 资源与保护


**主　编**　郑联合　刘　虹　覃　瑞

**副主编**　蒲云海　郝　涛　刘　瑛

**编　委**（按姓氏笔画排序）

马义语　王　莉　尤筱庆　田丹丹

兰进茂　兰德庆　刘梅花　肖　宇

陆归华　陈　芬　陈喜棠　易丽莎

周英豪　周国鹏　梅　浩　曹国斌

詹　鹏



长江出版传媒　湖北科学技术出版社

**图书在版编目（CIP）数据**

湖北省野生兰科植物资源与保护 / 郑联合，刘虹，覃瑞主编．—武汉：湖北科学技术出版社，2024.4

ISBN 978-7-5706-3073-8

Ⅰ．①湖… Ⅱ．①郑… ②刘… ③覃… Ⅲ．①兰科－野生植物－植物资源－湖北 Ⅳ．①Q949.71

中国国家版本馆 CIP 数据核字（2024）第 042077 号

湖北省野生兰科植物资源与保护

HUBEI SHENG YESHENG LANKE ZHIWU ZIYUAN YU BAOHU

策划编辑：严 冰　　责任校对：童桂清

责任编辑：刘 芳　　封面设计：曾雅明

出版发行：湖北科学技术出版社

地　　址：武汉市雄楚大街 268 号（湖北出版文化城 B 座 13—14 层）

电　　话：027-87679468　　邮　　编：430070

印　　刷：湖北新华印务有限公司　　邮　　编：430035

787×1092　1/16　12.75 印张　350 千字

2024 年 4 月第 1 版　2024 年 4 月第 1 次印刷

定　　价：160.00 元

（本书如有印装问题，可找本社市场部更换）

# 内容简介

湖北省野生兰科植物资源丰富。本书全面总结了2020—2021年度开展的湖北省野生兰科植物资源专项补充调查成果，记录了湖北省野生兰科植物共57属168种，其中包括湖北省新分布记录13属21种。本书图文并茂，介绍了湖北省野生兰科植物资源的物种多样性，包括兰科植物物种的主要特征、花果期、生境、濒危等级和地理分布；分析了湖北省野生兰科植物资源保护现状，并提出了保护对策与建议；书中还配有野外调查到的兰科植物的彩色高清图片以展示野生兰科植物的真实生境。本书的出版为湖北省野生兰科植物的科学研究、保护工作提供了良好的借鉴，是集科学性和实用性于一体的工具书。

# 前　言

湖北省地处中国大陆第二阶梯的地理单元，地处秦岭南侧，武陵山脉、巫山山脉、大巴山脉、大别山脉等横亘境内，全省除高山地区外，大部分为亚热带季风性湿润气候。鄂西山地，地处大巴山西段，是中亚热带气候和北亚热带气候的分界线，区内水热条件良好、环境复杂，完整的生态系统和生物资源为兰科植物的生存、繁衍提供了优越条件。

因为得天独厚的地理位置和资源状况，近代以来，湖北省的植被资源受到国内外很多植物学家的重视，在他们的考察中，不乏大量兰科植物被发现。爱尔兰植物学家奥古斯丁·亨利(Augustine Henry)和英国人欧内斯特·亨利·威尔逊(Ernest Henry Wilson)(1929)都分别多次在鄂西山地采集植物标本，其中发现不少兰科植物新种，其两人为命名人。《湖北植物大全》收录兰科植物51属129种；《湖北植物志》收录兰科植物46属103种；费永俊等对大别山、大洪山、神农架等山区进行兰科种群调查，记载了32属51种兰科植物的生态分布特征；杨林森等在2017年统计，湖北野生兰科植物有54属141种，占中国兰科植物属和种的28.88%和9.74%。

2013年4月，湖北省林业厅发布了《第二次国家重点保护野生植物资源调查湖北省实施细则》，该次调查范围覆盖了全省15个省辖市、1个自治州、1个林区，涵盖了8个国家级自然保护区、19个省级自然保护区、16个市级保护区、6个县级保护区和176个保护小区。虽然2013年的普查工作做得比较仔细，但调查科目和种类相对较多，且时间短、任务重，对兰科植物的具体分布范围、新地理分布以及种群现状等调查仍有待补充。2020年，国家林业和草原局委托湖北省野生动植物保护总站和中南民族大学开展了湖北省兰科植物专项补充调查，我们按照《兰科植物资源专项补充调查工作方案和技术规程》的要求，以湖北省利用度颇高的濒危兰科植物作为调查的目的物种进行专项补充调查，重点摸清了兰科植物在湖北省的主要分布区域与资源现状。此次调查设置样线169条；设置样方2208个，其中固定样方453个，临时样方1755个；设置样木63个。正是因为大量的调查数据，使得我们对湖北省兰科植物的资源分布有了更深入的了解。

分类系统的变化和物种名称的修订是造成兰科植物鉴别困难的重要原因。随着分析系统学的发展，*Flora of China*中采用了最新的分子系统学研究成果，许多重要的科属概念被重新界定。根据APG IV系统和Chase等人重新界定的兰科植物分类系统，以及金效华教授编著的《中国兰科植物原色图鉴》，结合近年来分子系统学的部分成果和其他学者的观点，本书重新整理了湖北省兰科植物的基本科属分类范畴，共记载湖北省兰科植物57属168种（含种下等级）。书中按照兰科植物各属名称顺序依次介绍，包括每个属的特征描述、种数、在湖北省的分布及数量。对于一些重要或有争议的种做了说明和评述。本书中收录的兰科植物照片大部分来自湖北省野外资源调查所拍摄的照片，而在野外未调查到的种才使用了一些湖北省外拍摄的照片，少数物种因本身可能存疑、在野外难以分辨，本书仅收录该名称，没有附照片。

在结束湖北省兰科植物资源专项补充调查的工作之后，我们深感对于我们所处这片土地的了解之浅。虽然经过这么多年的积累，我们已走过湖北省各个县、市、自治州，但是很多神秘的角落依然还等待着人们的探索，而已经调查过的很多地区也再一次刷新了我们对于这些片区的认识：鄂西山地、鄂东北大别山脉以及鄂东南幕阜山脉片区都处于两省交界处，地形复杂，垂直变化很大，植被的垂直分布十分明显，因而十分利于兰科植物的生长、发育、繁殖和进化，孕育了兰科植物的多样性。在这些区域内兰科植物物种多样性的丰富度远高湖北省其他地区，有多个湖北省新记录甚至是新种的发现。

对于湖北省兰科植物的新发现我们感到非常兴奋，在现代分子系统进化学迅速发展的今天，兰科植物这个在植物系统演化上非常特化的类群也在飞速地发展和变化中，大量的物种名称已经变更，新记录和新物种的发现也是层出不穷。因此在刚结束野外调查工作后，我们就马不停蹄地开始进行湖北省兰科植物的鉴定、分类整理和修订工作，以期能更快地和各位读者分享湖北省兰科植物的绚烂多姿。

本书收录的兰科植物照片98%来自作者野外调查所拍摄的照片。极少数物种在查证湖北省兰科植物标本后，采用了同行提供的照片，在此一并感谢晏启、陈炳华、谭飞、杨南、马良提供的精美图片或标本信息。在此书即将出版之际，对这些年来给予我们资助和帮助的单位以及个人致以崇高的敬意和衷心的感谢！由于编者水平、时间、精力有限，此书中有疏漏或其他不足之处，敬请各位读者批评指正！

编者

2023年8月

# 目　录


**第一章　兰科植物研究进展** ······1

第一节　全球兰科植物研究进展 ······1

第二节　中国兰科植物研究进展 ······3

第三节　湖北省兰科植物研究进展 ······6

**第二章　湖北省野生兰科植物调查** ······9

第一节　任务由来 ······9

第二节　调查范围 ······10

**第三章　湖北省野生兰科植物资源现状** ······12

第一节　湖北省兰科植物分类学处理 ······12

第二节　湖北省野生兰科植物种类及分布 ······13

第三节　湖北省野生兰科植物广布种、狭域种和极小种群 ······24

第四节　湖北省野生兰科植物物种介绍 ······36

**第四章　湖北省野生兰科植物新发现** ······78

第一节　湖北省野生兰科植物新发现 ······78

第二节　兰科植物湖北省分布新记录 ······80

第三节　疑似新种发现 ······98

**第五章　湖北省野生兰科资源保护** ······100

第一节　湖北省兰科植物种群规模分析 ······100

第二节　湖北兰科植物资源保护状况 ······101

第三节　湖北省兰科植物资源保护对策与建议 ……………………………………102

**第六章　总结与展望** ……………………………………………………………104

第一节　总结 ………………………………………………………………………104

第二节　展望 ………………………………………………………………………105

**参考文献** …………………………………………………………………………107

**附录1　湖北省兰科植物野外调查方法** ……………………………………110

**附录2　湖北省野生兰科植物资源属级地理分布图** ………………………112

**附录3　湖北省野生兰科植物濒危状况和监测样地信息** …………………133

**附录4　湖北省兰科植物野外调查125种图版(2020—2021年)** …………140

# 第一章

# 兰科植物研究进展

兰科(Orchidaceae)植物是单子叶植物中的最大科,是被子植物中仅次于菊科(Asteraceae)的第二大科。兰科植物是世界著名的观赏花卉,花部构造高度特化,在植物界的系统演化上被称为最进化、最高级的类群。我国兰花种植历史悠久,文化底蕴深厚,常与梅、竹、菊以“四君子”的形式出现在中国古典诗词中,兰花已然成为中华民族优秀品德的重要象征物之一。兰花已涉及经济、文化和日常生活的很多方面,以国兰为核心的兰文化历史比较悠久,成为中国传统文化的一个方面。近年来,由蝴蝶兰(*Phalaenopsis aphrodit*e)、石斛类(*Dendrobium* spp.)、大花蕙兰(*Cymbidium hybrids*)、万代兰(*Vanda* spp.)等组成的兰花产业,已成为中国花卉产业的重要组成部分,如2011年我国蝴蝶兰的消费量约4000万株,而蝴蝶兰种苗出口在2012年达到8000万株。

天麻(*Gastrodia elata*)、白及(*Bletilla striat*a)和石斛(*Dendrobium* spp.)作为常用中药材,历代本草和《中华人民共和国药典》均有收录。根据《中华人民共和国药典》(2015年版一部),以石斛属(*Dendrobium*)作为原植物的药材包括两大类:铁皮石斛(*D. mofficinale*)和石斛(*D. nobile*)。铁皮石斛的药用部分是茎,而石斛原植物比较复杂,包括石斛、鼓槌石斛(*D. chrysotoxum*)、流苏石斛(*D. fimbriatum*)及其同属植物的近似种的新鲜或干燥茎。但在实际生产中,一些茎较细或者小的石斛属植物,如细茎石斛(*D. moniliforme*)、霍山石斛(*D. huoshanense*)等通常以枫斗等进入市场,而且价格较高。铁皮石斛组培、栽培技术已比较成功,在中国云南、广西、贵州等地栽培面积较大,2010年产值约为50亿元。霍山石斛等种类组培、栽培技术也取得了很大进展,但栽培规模较小。天麻又名赤箭,是我国名贵中药材之一,在云南、陕西、贵州、湖北、安徽等地集中种植,目前每年的产量约4000t,有较高的经济价值。

## 第一节　全球兰科植物研究进展

根据相关文献记载,目前全世界兰科植物分为5个亚科,共有800多属27 500余种,物种数占比约为被子植物总数的1/10,主要分布在热带及亚热带地区,温带地区种类较少。兰科植物作为重要的生物资源,具有重要的观赏、药用、科研、保育等价值。目前,兰科植物所有种类均被列入《濒危野生动植物种国际贸易公约》(*Convention on International Trade in Endangered Species of Wild Fauna and Flora*,CITES)(2023年)附录Ⅰ和附录Ⅱ中,占CITES附录种类的90%以上。

全球野生兰科植物广泛分布于除两极和极端干旱沙漠地区之外的各类陆地生态系统中，尤以热带地区分布为主，又有“达尔文花”的美称。但是，人为采集利用强度的增加及气候活动的变化，对兰科植物的生存环境造成了持续的影响。近年来，兰科植物生存条件受到严重威胁，野生兰植株分布较为狭小，资源总量极其有限，自然生长速度慢，自我繁殖能力低；野生植物资源极易受人类无节制开发、采挖等破坏，很多野生植物受到了危害而灭绝，或成为珍稀濒危物种。因此，为了有效地保护野生兰科植物资源，所有兰科物种都被记录在CITES附录中（2023年），可见全球对于兰科植物的保护意识达到高度统一。

全球层面完善的兰科植物分类系统的构建，是兰科植物研究中的基础工作，基于兰科植物的形态性状演化的兰科植物分类系统，能够更好地为兰科植物的保护、资源开发和利用奠定基础。不同学者先后提出过不同的兰科植物分类系统。如20世纪90年代以前，基于形态性状的分析和研究提出的兰科分类系统等（Dressler & Dodson，1960；Vermeulen，1966；Dressler，1981，1993；Burns-Balogh & Funk，1986）。由于各学者对性状的理解、选择、加权不尽相同，这些系统之间的分类处理方面相差较大。

随着分子系统学的快速发展，兰科植物分类系统发生了很大的变化。一方面，兰科被原来的6～8个亚科调整为5个亚科（金效华 等，2019），其中三蕊兰亚科Neuwiedioideae并入了拟兰亚科，绶草亚科Spiranthoideae并入了兰亚科，鸟巢兰亚科Neottioideae和万代兰亚科Vandoideae并入了树兰亚科（Cameron et al.，1999；Chase et al.，2003；Cameron，2004；Gorniak et al.，2010；Chase et al.，2015）。同时，香荚兰亚科从树兰亚科划分出来并得到分子系统学的支持和广泛的接受（Szlachetko，1995）。另一方面，许多类群的系统学位置发生了很大变化，部分属和族的范围已被重新界定或做了重大调整。

兰科植物分类系统如下：

一、拟兰亚科 Subfamily Apostasioideae

二、香荚兰亚科 Subfamily Vanilloideae

1. 香荚兰族 Tribe Vanilleae
2. 朱兰族 Tribe Pogonieae

三、杓兰亚科 Subfamily Cypripedioideae

四、兰亚科 Subfamily Orchidoideae

3. 铃花兰族 Tribe Codonorchideae
4. 粉药兰族 Tribe Cranichideae
5. 双尾兰族 Tribe Diurideae
6. 红门兰族 Tribe Orchideae

五、树兰亚科 Subfamily Epidendroideae

7. 鸟巢兰族 Tribe Neottieae

8. 折叶兰族 Tribe Sobralieae
9. 竹茎兰族 Tribe Tropidieae
10. 三角兰族 Tribe Triphoreae
11. 旱生兰族 Tribe Xerorchideae
12. 闭花兰族 Tribe Wullschlaegelieae
13. 天麻族 Tribe Gastrodieae
14. 芋兰族 Tribe Nervilieae
15. 泰兰族 Tribe Thaieae
16. 贝母兰族 Tribe Arethuseae
17. 沼兰族 Tribe Malaxideae
18. 兰族 Tribe Cymbidieae
19. 树兰族 Tribe Epidendreae
20. 吻兰族 Tribe Collabieae
21. 柄唇兰族 Tribe Podochileae
22. 万代兰族 Tribe Vandeae

## 第二节　中国兰科植物研究进展

中国是世界上兰科植物种类最为丰富的国家之一，具有从原始类型到高级类型的一系列进化群以及复杂多样的地理分布类型，且全科植物均在《国家重点保护野生植物名录》和CITES的保护之列（张殷波 等，2015；张晴 等，2022）。1999年出版的《中国植物志》（第17～19卷，兰科卷）中共收录我国兰科植物171属1247种（郎楷永，1999；陈心启，1999；吉占和，1999）。随着我国兰科植物野外调查和植物分类学工作的不断努力，越来越多的兰科新种、新变种以及新记录等相关研究相继发表，我国野生兰科植物的物种数量还在不断增加。据统计，中国目前拥有约1800种的兰科植物（金效华 等，2019）。

中国独特的地理位置和复杂的自然环境孕育了丰富的生物多样性，被称为全球12个“巨大多样性国家”之一，也为野生兰科植物提供了适宜的生境。中国野生兰科植物在我国的分布范围非常广，在全国各省市、自治区（包括香港、澳门和台湾地区）均有分布。有关中国野生兰科植物地理分布的相关研究多侧重于对一些重要类群在区域尺度开展的资源调查和区系研究，如在省级尺度、自然保护区内或山系等范围内的研究等（和太平 等，2007；刘昂，2021；刘财国 等，2022；王紫媛 等，2022）。张殷波等（2015）以中国野生兰科植物为研究对象，在确立中国野生兰科植物物种名录的基础上，从物种组成、生活型和特有性等方面对中国野生兰科植物的物种多样性进行了统计，当时共统计到中国野生兰科植物有187属1447种，其中特有种601种，生活型以地生兰和附生兰为主，其中地生兰占49.20%、附生兰占45.82%、腐生兰占4.98%。

我国的兰科植物资源集中分布于我国的南方和台湾省，尤以喜马拉雅山脉东段、横断山脉地区、西双版纳地区，滇东—桂西山地、台湾省东部山地、海南岛南部、黔桂交界山区、鄂西渝东山地、秦岭伏牛山一带最为丰富，同时兰科植物在这些地区的区系分化率也非常高。在省级尺度上，中国野生兰科植物丰富度等级最高的区域为云南省，其次为台湾省、四川省、广西壮族自治区、西藏自治区、贵州省和海南省，共7个区域；在县级尺度上，中国野生兰科植物集中分布在西南地区的喜马拉雅山脉东段、横断山脉地区、西双版纳地区、滇东—桂西山地和台湾省东部山地，此外，海南岛南部、黔桂交界山区、鄂西渝东山地以及秦岭伏牛山等地区的物种丰富度也较高；统计兰科植物的物种丰富度最高等级的县(市)，大于或等于146种以上的县(市)共9个：云南省的勐腊、勐海、贡山、景洪、屏边和腾冲6个县(市)，西藏自治区的墨脱县，台湾省的南投县和台东县；相比较，中国特有兰科植物的分布范围相对较窄，主要分布在秦岭—淮河以南的地区，以横断山脉地区、西双版纳地区、鄂西渝东山地、秦岭伏牛山和台湾省东部山地分布较为集中，尤其在横断山脉和台湾省东部形成两个显著的兰科特有种高值区，包含特有兰科种最多的县(大于或等于35种以上)有15个：台湾省的南投、台东、新北、花莲和宜兰5个县(市)，云南省的贡山、丽江、香格里拉和维西4个县(市)，四川省的木里、康定、峨眉山、汶川、宝兴和泸定6个县(市)(张殷波 等，2015)。

虽然中国的野生兰科植物资源极其丰富，但是，近年来兰科植物受到的人为影响非常严重，过度采集、生境的丧失与片段化、土地利用的改变、人工林的发展、生物入侵以及一些重大工程的建设，导致许多的兰科植物生活或仅残留在一些非常重要的原生生态系统中。在横断山脉地区，林下经济作物种植业的发展、高海拔地区的过度放牧、大型梯级水电站的兴起，在西双版纳地区大面积人工橡胶林的发展，以及在川黔桂地区日趋严重的酸雨污染，使许多残存的原生生境退化、缩小甚至完全消失，这些都成为威胁兰科植物生存的重要因素(张殷波 等，2015)。而且，我国野生兰科植物资源持续遭受人为破坏和非法交易，使其种群数量大受影响。据不完全统计，我国野生兰科植物资源的交易量每年高达10亿株(金效华 等，2019)，因此，亟须加强我国野生兰科植物资源的普查和保护工作。

在我国2001年底正式启动的“全国野生动植物保护及自然保护区建设”工程中，野生兰科植物作为重点保护物种被列入《全国野生动植物保护及自然保护区建设工程总体规划》(2001—2050年)保护范围，兰科植物的保护日趋受到国内外的高度重视(罗毅波 等，2003)。2005年，全国兰科植物种质资源保护中心在深圳成立；中国首个兰科植物保护区——广西雅长兰科植物保护区在2009年正式成立。我国于2001年启动了全国野生动植物保护及自然保护区建设工程，且编制了《中国重点兰科植物保护工程规划》(2001—

2030年)，兰科植物被列为15大重点保护野生植物之一，成为继苏铁科(Cycadaceae)植物后重点保护的野生植物之一，享有“植物熊猫”美誉。在2021年，包括349种兰科植物的新版《国家重点保护野生植物名录》正式发布，开创了我国兰科植物保护的新局面。

关于中国兰科植物资源的分类，我们在参考权威志书《中国植物志》(第17～19卷)(郎楷永 等，1999；陈心启 等，1999；吉占和 等，1999)、*Flora of China*(第25卷)(Wu & Peter，2009)的基础上，采用目前比较新且全的专著——金效华等(2019)出版的《中国野生兰科植物原色图鉴》的分类系统，统计出，目前我国野生兰科植物涵盖了5个亚科：拟兰亚科 Apostasioideae、香荚兰亚科 Vanilloideae、杓兰亚科 Cypripedioideae、兰亚科 Orchidoideae、树兰亚科 Epidendroideae。

中国兰科植物分亚科检索表，如下所示。

**中国兰科植物分亚科检索表**

1 可育雄蕊2～3枚，若2枚时位于蕊柱两侧，与花瓣对生，通常具柄

2 花近辐射对称，唇瓣与花瓣相似 ………………………………… 拟兰亚科 Apostasioideae

2 花两侧对称，唇瓣凹陷成囊状或倒盔 ……………………… 杓兰亚科 Cypripedioideae

1 可育雄蕊1枚，若2枚时位于蕊柱前后侧，与中萼片和唇瓣对生

3 植株通常攀缘或直立，自养或异养，花粉粒大部分情况下松散粉质，极少形成裸露的花粉团 ……………………………………………………………… 香荚兰亚科 Vanilloideae

3 植株通常直立、攀缘，自养或异养，花粉粒形成花粉团

4 植株通常地生，叶不为折扇状，花药直立到反折，花粉团通常粒粉质 ……………………………………………………………………………兰亚科 Orchidoideae

4 植株通常附生，直立时叶子折扇状，花粉团通常蜡质，极少粒粉质 ……………………………………………… …………………… 树兰亚科 Epidendroideae

各亚科分类特征如下。

## 一、拟兰亚科 Apostasioideae

林下地生，亚灌木状多年生草本，下部常有支柱状根。叶生于茎上，折扇状。顶生花序；花近辐射对称，3室子房；萼片相似或侧萼片略有不同；唇瓣与花瓣相似或稍大；雄蕊与雌蕊下部合生，顶部有分离；具2～3枚能育雄蕊；能育雄蕊具明显的花丝和2室花药；花粉单粒，不黏合成团块；花柱明显，具顶生柱头。果实浆果状或蒴果状。种子具坚硬的外种皮，球形或较少两端有膨胀、延长的附属物。

## 二、香荚兰亚科 Vanilloideae

攀缘或地生植物，长可达数米。根肉质。叶大，肉质，有时退化为鳞片状。总状花序生于叶腋或顶生，具数花至多花；花通常较大，扭转，常在子房与花被之间具1个离层；萼片与花瓣相似，离生，展开；唇瓣有时与蕊柱下部边缘合生；唇盘上一般有各种附属物，无距；蕊柱长，顶端扩大；花药生于蕊柱顶端，粒粉质或十分松散，不具花粉团柄或黏盘；蕊喙通常较宽阔，位于花药下方。种子具厚的外种皮，常呈黑色。

## 三、杓兰亚科 Cypripedioideae

地生或附生草本，常具横走根状茎。叶互生、近对生或对生。花序顶生；花大，通常较美丽；中萼片直立或俯倾于唇瓣之上；唇瓣凹陷为深囊状，一般有宽阔的囊口，囊内常有毛；蕊柱短，圆柱形，常下弯，具2枚侧生的能育雄蕊，花药2室，具很短的花丝；花粉粉质或带黏性；退化雄蕊通常扁平。果实为蒴果。

## 四、兰亚科 Orchidoideae

地生或者附生；地下具延长的根状茎或者肉质块茎。叶常螺旋排列。花序顶生，花1朵至多朵。花通常扭转，花梗不明显。花萼离生，花瓣经常与中萼片贴合，唇瓣基部通常具距。雄蕊1枚，花药2室，花粉块由花粉小团块组成；退化雄蕊2枚；柱头完整或者3裂，有柄或者无柄；蕊喙通常发达，2裂或者3裂。果实为蒴果。

## 五、树兰亚科 Epidendroideae

多年生草本，地生、附生或者石上附生；单轴或者合轴生长，具短或长的根状茎。茎通常具叶，部分茎缩短。叶通常全缘，通常互生。总状花序或圆锥花序，花1朵至多朵，子房扭转。萼片通常分离，侧萼片通常与蕊柱足合生萼囊；花瓣离生；唇瓣常具各种附属物，蕊柱具足或无；雄蕊1枚，花粉合生成花粉块，粉状或者蜡质，柱头3裂。果实为蒴果。

# 第三节　湖北省兰科植物研究进展

湖北省位于中国中部、长江中游，地跨29°05′～33°20′N、108°21′～116°07′E，与江西省、湖南省、重庆市、河南省等地区毗邻。全省国土总面积为18.59万 $km^2$，山地、丘陵、平原湖区分别约占总面积的56%、24%、20%。全省地势大致为东、西、北三面环山，中间低平，略呈向南敞开的不完整盆地。湖北省的西北山地处于秦巴山地的东缘，西南为云贵高原大娄山和武陵山的东北延伸部分，东北部有位于豫、鄂、皖边境的桐柏山、大别山脉，东南角为幕阜山脉。境内除长江、汉江干流外，湖泊众多，有“千湖之省”的美称（郑重，1983）。全省除高山地区外，大部分为亚热带季风性湿润气候。鄂西山地因为地形复杂，水热条件适宜，加上地处东部丘陵与西部高原、亚热带与温带的过渡区，保存有大片的原始森林，生物多样性极其丰富，历来受到国内外植物学者的关注。

湖北省的植被研究受到很多植物学家的重视。湖北省蕲春县的明朝医药学家李时珍（1578）所著的《本草纲目》中，就收录了天麻、石斛、白及等兰科植物；1884—1889年，爱尔兰植物学家奥古斯丁·亨利，在鄂西宜昌等地采集了大量标本（Seamus O'Brien，2011）；1900—1911年，英国人欧内斯特·亨利·威尔逊（1929）多次在鄂西山地采集植物资源与标本。1933年，武汉大学植物标本馆成立以来，该校研究人员、老一辈植物学家钟心煊、孙祥钟、戴伦膺等于湖北省境内采集了大量植物标本。1958年，中国科学院武汉植物研究所成立后，植物学家陈封怀、郑重、赵子恩等在湖北省内采集了丰富的植物标本。1976—1978年，中国科学院武汉植物研究所联合北京植物研究所、武汉药品医疗器械检验所等对鄂西北神农架地区进行大规模的植物考察，采集植物标本1万余号。1980年8月，北京植物研究所、武汉植物研究所、武汉大学生物系等国内科研单位和美国国立树木园、哈佛大学阿诺德植物园等美国植物研究机构组成中美联合科学考察队到神农架进行植物考察。2011—2013年，神农架国家级自然保护区本底资源调查人员在当地采集了1万多份维管植物标本（廖明尧，2015）。这些植物采集活动为湖北省的植物学研究奠定了良好的基础（杨林森 等，2017）。

湖北省野生兰科植物资源丰富，郑重（1993）出版《湖北植物大全》收录兰科植物51属129种，《湖北植物志》收录兰科植物46属103种（傅书遐 等，2002），但两书仅记录了县域级别的分布地点，凭证标本不全，而且由于年代久远，绝大部分缺乏经纬度海拔等具体信息，也缺乏高清彩色图片。湖北省作为中国兰科植物分布的一个次热点地区，陆续有许多专家学者对湖北省的兰科植物资源开展了多方面的调查研究。费永俊等（2004）对大别山、大洪山、神农架等山区兰科种群进行了调查，记录到了32属51种兰科植物的生态分布及特征。杨林森等（2017）参考湖北省兰科植物分布的文献资料（傅书遐 等，2002；朱兆泉和宋朝枢，1999；郑重，1980，1993；廖明尧，2015；郎楷永 等，1999；陈心启 等，1999；吉占和 等，1999）、神农架自然保护区动植物标本馆（SNJ）与中国国家植物标本馆（PE）的兰科植物标本鉴定数据，同时对鄂西神农架地区的兰科植物种类及分布状况进行了实地调查，整理出了湖北兰科植物名录及其分布数据，达54属141种，除拟兰亚科外的4个亚科湖北省

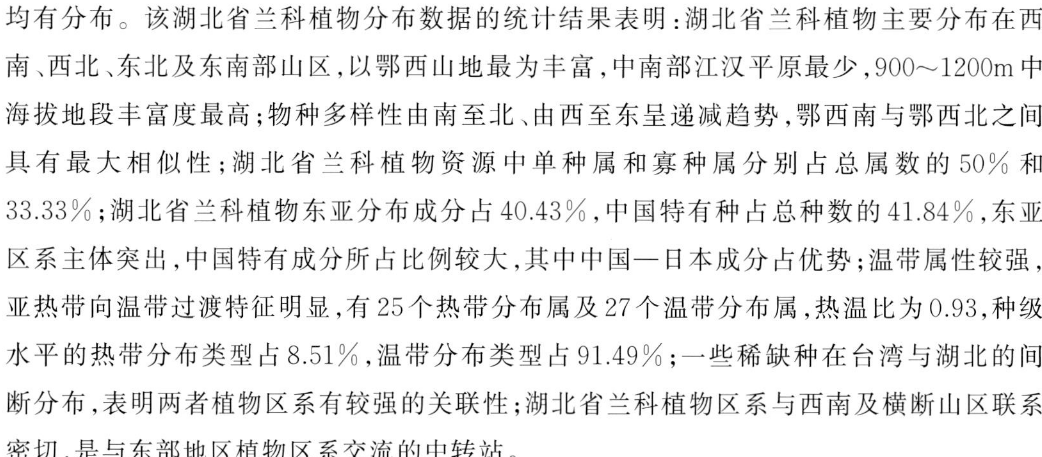

均有分布。该湖北省兰科植物分布数据的统计结果表明:湖北省兰科植物主要分布在西南、西北、东北及东南部山区,以鄂西山地最为丰富,中南部江汉平原最少,900～1200m中海拔地段丰富度最高;物种多样性由南至北、由西至东呈递减趋势,鄂西南与鄂西北之间具有最大相似性;湖北省兰科植物资源中单种属和寡种属分别占总属数的50%和33.33%;湖北省兰科植物东亚分布成分占40.43%,中国特有种占总种数的41.84%,东亚区系主体突出,中国特有成分所占比例较大,其中中国—日本成分占优势;温带属性较强,亚热带向温带过渡特征明显,有25个热带分布属及27个温带分布属,热温比为0.93,种级水平的热带分布类型占8.51%,温带分布类型占91.49%;一些稀缺种在台湾与湖北的间断分布,表明两者植物区系有较强的关联性;湖北省兰科植物区系与西南及横断山区联系密切,是与东部地区植物区系交流的中转站。

晏启等(2021)发表了湖北省兰科石豆兰属一新种:锚齿卷瓣兰 *Bulbophyllum hamatum* Q. Yan, X.W. Li & J.Q. Wu,该新种的模式标本保存于武汉植物园标本馆。龚仁虎等(2022)报道了湖北省兰科植物1个新记录属即菱兰属(*Rhomboda* Lindley),4个新记录种即贵州菱兰(*Rhomboda fanjingensis* Ormerod)、大根兰(*Cymbidium macrorhizon* Lindley)、西南齿唇兰(*Odontochilus elwesii* C. B. Clarke ex Hook. f.)和多叶斑叶兰[*Goodyera foliosa*(Lindl)Benth. ex Clarke],相关的凭证标本保存于吉首大学植物标本馆,副份保存于后河国家级自然保护区标本馆内。晏启等(2023)报道了湖北省野生兰科植物2个新分布记录属即带叶兰属(*Taeniophyllum* Blume)和带唇兰属(*Tainia* Blume),以及4个新分布记录种即带叶兰(*Taeniophyllum glandulosum* Blume)、带唇兰(*Tainia dunnii* Rolfe)、河南卷瓣兰(*Bulbophyllum henanense* J.L.Lu)、小小斑叶兰(*Goodyera yangmeishanensis* T.P. Lin)。

2015年4月,湖北省首个兰科植物自然保护区——五峰兰科植物省级自然保护区被湖北省人民政府批准成立,保护对象为珍稀兰科植物,该保护区位于湖北省宜昌市境内,总面积达3124.07hm$^2$。总体而言,湖北省内生境复杂,水热良好,野生兰科植物资源丰富,但是仍有部分历史记录湖北有分布的兰科植物近期十年甚至几十年内没有野外发现,少数地区的野生兰科植物调查还不够详细。因此亟须开展湖北省野生兰科植物补充调查工作。

# 第二章

# 湖北省野生兰科植物调查

## 第一节　任务由来

湖北省地处中国大陆第二阶梯的地理单元，位于秦岭南侧，武陵山脉、巫山山脉、大巴山脉、大别山脉等横亘境内，生境复杂，部分地区现今仍未开展详尽调查工作，兰科植物野生资源仍存在诸多盲点，因此开展针对性专项调查颇为关键。

国家林业和草原局野生动植物保护司2019年度发布"2020年第二次全国重点保护野生植物资源调查项目"等通知，该项目是按照《第二次全国重点保护野生植物资源调查工作大纲》和《第二次全国重点保护野生植物资源调查技术规程》(2019年版)的总体要求，调查掌握我国重点保护野生植物的资源本底，包括个体特征、数量、分布、种群特征、生境状况等，建立全国野生植物资源本底数据库，为珍稀濒危野生植物基因库的保存和目的物种的有效保护提供依据。根据第二次全国重点保护野生植物资源调查的总体部署并结合当前机构改革赋予国家林业和草原局对草本植物保护管理的需要，2019—2020年，将利用度颇高的濒危兰科植物作为调查的目的物种进行专项补充调查，按照《兰科植物资源专项补充调查工作方案和技术规程》的要求，重点摸清兰科植物在我国主要分布区域的资源状况。该项目以中国科学院植物研究所为调查牵头单位，相关省(区、市)组织本省的调查队伍，在中国科学院植物研究所兰科专家的引领下开展外业调查，摸清各省份兰科野生植物数量、分布及生境状况等。

湖北省兰科植物资源专项补充调查工作由国家林业和草原局委托湖北省野生动植物保护总站和中南民族大学共同开展，将湖北省利用度颇高的濒危兰科植物作为调查的目的物种进行专项补充调查，按照《兰科植物资源专项补充调查工作方案和技术规程》的要求，重点摸清兰科植物在湖北省的主要分布区域与资源现状。

该调查任务在前期研究基础上，通过设置样线、路线等方法开展样线及其两侧的兰科植物资源调查，结合历史资料，了解和掌握调查湖北省的野生兰科植物种类及其地理分布，调查每种兰科植物的野生植株数量。全面摸清湖北省兰科植物的种类、各物种的分布点位，记录各物种的种群规模、分布海拔梯度、生境、伴生种或寄生种类别以及土壤性质；并基于野外调查到的兰科植物各种的种群数量、分布范围数据，参考世界自然保护联盟(International Union for Conservation of Nature，IUCN)(2019)红色名录(其中，EX—灭绝，

EW—野外灭绝，CR—极危，EN—濒危，VU—易危，NT—近危，LC—无危，DD—数据缺失，NE—未评估)，对湖北省内分布的兰科植物进行濒危程度评估。本任务目标是了解和掌握湖北省兰科植物多样性和地理分布，初步开展每种兰科植物的数量调查；设置2000个样方，其中固定样方450个，要求样方内兰科植物物种覆盖调查地区兰科植物种类的50%以上，利用项目平台开发的PC终端界面，进行数据录入和上报，使用手机PDA终端进行数据采集和上传；此外，一个完整年度调查期结束以后，提交湖北省兰科植物样方调查信息和《湖北省兰科植物资源专项补充调查报告》。

## 第二节　调查范围

本次调查范围为湖北省，覆盖了全省15个省辖市、1个自治州、1个林区，涵盖了12个国家级自然保护区及9个省级自然保护区，详见表2-1。具体涉及恩施州8县市[恩施土家族苗族自治州(简称恩施州)、利川市、建始县、巴东县、宣恩县、咸丰县、来凤县、鹤峰县]；宜昌4县市[宜昌市、兴山县、长阳土家族自治县(简称长阳县)、五峰土家族自治县(简称五峰县)]；神农架林区；咸宁3县市(咸宁市、通山县、通城县)；襄阳3县市(襄阳市、南漳县、保康县)；十堰4县市(十堰市、房县、竹溪县、竹山县)；黄冈3县市(罗田县、英山县、麻城市)；随州2县市(随县、广水市)。

本次野外调查共设置样线169条；设置样方2208个，其中固定样方453个，临时样方1755个；设置样木63个。具体调查方法详见附录1。

表2-1　湖北省野生兰科植物补充调查范围

| 考察时间 | 考察地区 | 保护区/森林公园 |
|---|---|---|
| 2020.06.03—06.17 | 神农架林区 | 神农架国家级自然保护区<br>湖北神农架大九湖国家湿地公园 |
| 2020.05.07—05.11<br>2021.05.23—06.11 | 恩施州利川市 | 湖北星斗山国家级自然保护区 |
| 2020.08.19—08.22 | 恩施州建始县 | 野三峡景区 |
| 2020.08.22—08.28 | 恩施州巴东县 | 湖北巴东金丝猴国家级自然保护区 |
| 2020.04.25—05.01<br>2020.07.24—07.25 | 恩施州宣恩县 | 湖北七姊妹山国家级自然保护区 |
| 2020.05.12—05.14 | 恩施州咸丰县 | 湖北咸丰二仙岩湿地省级自然保护区 |
| 2020.05.15—05.18 | 恩施州来凤县 | 来凤县老板沟野生动植物州级自然保护区 |
| 2020.05.02—05.06<br>2020.07.22—07.23 | 恩施州鹤峰县 | 湖北木林子国家级自然保护区 |

续表

| 考察时间 | 考察地区 | 保护区/森林公园 |
| --- | --- | --- |
| 2020.09.01—09.03 | 宜昌市夷陵区 | 湖北大老岭国家级自然保护区 |
| 2020.08.29—08.31 | 宜昌市兴山县 | 湖北三峡万朝山省级自然保护区 |
| 2020.09.04—09.09 | 宜昌市长阳县 | 湖北长阳崩尖子国家级自然保护区 |
| 2020.05.25—06.01 | 宜昌市五峰县 | 湖北后河国家级自然保护区<br>五峰兰科植物省级自然保护区 |
| 2020.07.27—08.01 | 襄阳市南漳县 | 湖北漳河源省级自然保护区<br>香水河风景区 |
| 2020.08.01—08.04 | 襄阳市保康县 | 湖北五道峡国家级自然保护区 |
| 2020.07.22—07.23 | 襄阳市枣阳市 | 枣阳兰科植物资源县级自然保护区 |
| 2020.06.18—06.20 | 十堰市房县 | 湖北野人谷省级自然保护区 |
| 2020.06.21—06.25 | 十堰市竹溪县 | 湖北十八里长峡国家级自然保护区 |
| 2020.06.26—06.30 | 十堰市竹山县 | 湖北堵河源国家级自然保护区 |
| 2021.03.17—03.25 | 黄冈市罗田县 | 湖北大别山国家级自然保护区 |
| 2021.03.26—04.01 | 黄冈市英山县 | 湖北大别山国家级自然保护区 |
| 2021.04.01—04.07 | 黄冈市麻城市 | 狮子峰省级自然保护区 |
| 2020.08.07—08.09 | 随州市随县 | 七尖峰兰花自然保护小区 |
| 2021.04.08—04.10 | 孝感市孝昌县 | 双峰山国家森林公园 |
| 2021.04.11—04.16 | 咸宁市通山县 | 湖北九宫山国家级自然保护区 |

# 第三章

# 湖北省野生兰科植物资源现状

## 第一节 湖北省兰科植物分类学处理

兰科分类系统现有的5个亚科：拟兰亚科 Apostasioideae、香荚兰亚科 Vanilloideae、杓兰亚科 Cypripedioideae、兰亚科 Orchidoideae、树兰亚科 Epidendroideae。

在兰科的5个亚科中，除拟兰亚科外，其他在湖北省均有分布，共有14族57属168种。除拟兰亚科外，在其余4个亚科中，树兰亚科的族、属、种均最多，物种分类单元均占比在一半以上。57属中种类较多的依次是虾脊兰属（*Calanthe*）17种、羊耳蒜属（*Liparis*）12种、杓兰属（*Cypripedium*）10种、石斛属（*Dendrobium*）9种、兰属（*Cymbidium*）8种。单种属占到总属数的一半以上，少种属约占1/3。具体各亚科物种数量如下。

（1）香荚兰亚科2族2属3种，其中朱兰族（Trib. Pogonieae）1属1种、香荚兰族（Trib. Vanilleae）1属2种。

（2）杓兰亚科1族1属10种。

（3）兰亚科2族15属44种，其中红门兰族（Trib. Orchideae）8属28种、盔唇兰族（Trib. Cranichidea）7属16种。

（4）树兰亚科9族36属103种，其中鸟巢兰族（Trib. Neottieae）4属12种、芋兰族（Trib. Nervillinae）2属2种、天麻族（Trib. Gastrodieae）1属1种、龙嘴兰族（Trib. Arethuseae）4属7种、沼兰族（Trib. Malaxideae）7属31种、兰族（Trib. Orchideae）2属10种、树兰族（Trib. Epidendreae）4属6种、吻兰族（Trib. Collabieae）6属23种、柄唇兰族（Trib. Podochileae）1属1种、万代兰族（Trib. Vandoideae）6属11种。

根据APG IV系统和Chase等人重新界定的兰科植物分类系统，结合近年来分子系统学的部分成果和其他学者的观点，《中国植物志》和《湖北植物志》中兰科植物的属均发生了一些变动，因此，此次野外调查到的湖北省兰科植物中，有以下一些属的变动和种的异名处理。①属的归并：蜻蜓兰属（*Tulotis*）并入舌唇兰属（*Platanthera*），对叶兰属（*Listera*）并入鸟巢兰属（*Neottia*），旗唇兰属（*Kuhlhasseltia*）并入齿唇兰属（*Odontochilus*），凹舌兰属（*Coeloglossum*）并入掌裂兰属（*Dactylorhiza*），套叶兰属（*Hippeophyllum*）并入鸢尾兰属（*Oberonia*），无柱兰属（*Amitostigma*）和兜被兰属（*Neottianthe*）并入小红门属（*Ponerorchis*），萼脊兰属（*Sedirea*）并入蝴蝶兰属（*Phalaenopsis*），风兰属（*Neofinetia*）并入万代兰属

(*Vanda*)。②种的异名处理:将套叶鸢尾兰(*Oberonia sinica*)和圆头鸢尾兰(*O. pumilum* var. *rotundum*)处理为宝岛鸢尾兰(*O. insularis*)的异名。

## 第二节 湖北省野生兰科植物种类及分布

本次野外调查范围覆盖了全省15个省辖市、1个自治州、1个林区,涵盖了12个国家级自然保护区、9个省级自然保护区。根据我们的野外调查记录、拍摄照片信息并结合文献资料,以及对分子材料的测序和鉴定分析。共统计到湖北省兰科植物共有57属168种(含野外调查到的125种、野外没有调查到但标本馆查阅湖北有分布的21种、既无标本也没有地理信息和照片仅有文献等记载湖北有分布的22种)。上述野外调查到的湖北省兰科植物资源125种中,包括湖北省新分布记录种18种,新分布记录属5属。湖北省168种兰科植物名录详见表3-1,与杨林森等(2017)整理的湖北省兰科植物名录54属141种相比较,本次统计数据增加了3属27种。此外,发现疑似新种1种:舌喙兰属一新种竹溪舌喙兰 *Hemipilia zhuxiensis* H. Liu。

表3-1 湖北省兰科植物名录

| 编号 | 属名 | 中文名 | 拉丁名 | 湖北省分布 | 野外发现 | 分布类型 | 种群数量 |
|---|---|---|---|---|---|---|---|
| 1 | **开唇兰属** *Anoectochilus* | 金线兰 | *Anoectochilus roxburghii* | 神农架林区、长阳县 | √ | 广布种 | 50 |
| 2 | **无叶兰属** *Aphyllorchis* | 雅长无叶兰 | *Aphyllorchis yachangensis* ▲ | 宣恩县 | √ | 狭域种/极小种群 | 1 |
| 3 | **白及属** *Bletilla* | 黄花白及 | *Bletilla ochracea* | 神农架林区 | √ | 广布种 | 87 |
| 4 | | 白及 | *Bletilla striata* | 广泛分布 | √ | 广布种 | 273 |
| 5 | **石豆兰属** *Bulbophyllum* | 短葶卷瓣兰 | *Bulbophyllum brevipedunculatum* ▲ | 宣恩县、罗田县 | √ | 狭域种 | 1 850 |
| 6 | | 锚齿卷瓣兰 | *Bulbophyllum hamatum* ★ | 利川市 | √ | 狭域种 | 1 560 |
| 7 | | 河南卷瓣兰 | *Bulbophyllum henanense*▲ | 五峰县 | / | 狭域种 | 不详 |
| 8 | | 广东石豆兰 | *Bulbophyllum kwangtungense* | 神农架林区、兴山县、鹤峰县 | √ | 广布种 | 10 900 |
| 9 | | 密花石豆兰 | *Bulbophyllum odoratissimum* | 神农架林区 | √ | 广布种 | 21 |
| 10 | | 毛药卷瓣兰 | *Bulbophyllum omerandrum* | 神农架林区、巴东县、兴山县 | √ | 广布种 | 215 |

续表

| 编号 | 属名 | 中文名 | 拉丁名 | 湖北省分布 | 野外发现 | 分布类型 | 种群数量 |
| --- | --- | --- | --- | --- | --- | --- | --- |
| 11 | | 斑唇卷瓣兰 | *Bulbophyllum pectenveneris* | 神农架林区、兴山县 | √ | 广布种 | 不详 |
| 12 | | 藓叶卷瓣兰 | *Bulbophyllum retusiusculum* | 宜昌市 | √ | 广布种 | 不详 |
| 13 | 虾脊兰属 *Calanthe* | 泽泻虾脊兰 | *Calanthe alismaefolia* | 神农架林区、宣恩县、鹤峰县 | √ | 广布种 | 318 |
| 14 | | 流苏虾脊兰 | *Calanthe alpina* | 神农架林区 | √ | 广布种 | 14 |
| 15 | | 弧距虾脊兰 | *Calanthe arcuata* var. *arcuata* | 神农架林区、五峰县、巴东县 | √ | 广布种/极小种群 | 3 |
| 16 | | 肾唇虾脊兰 | *Calanthe brevicornu* | 神农架林区 | √ | 广布种 | 40 |
| 17 | | 剑叶虾脊兰 | *Calanthe davidii* | 广泛分布 | √ | 广布种 | 133 |
| 18 | | 虾脊兰 | *Calanthe discolor* | 神农架林区、荆门市、赤壁市 | √ | 广布种 | 280 |
| 19 | | 钩距虾脊兰 | *Calanthe graciliflora* var. *graciliflora* | 广泛分布 | √ | 广布种 | 1 004 |
| 20 | | 叉唇虾脊兰 | *Calanthe hancockii* ▲ | 宣恩县 | √ | 广布种 | 73 |
| 21 | | 疏花虾脊兰 | *Calanthe henryi* | 巴东县、长阳县 | √ | 广布种 | 6 |
| 22 | | 细花虾脊兰 | *Calanthe mannii* | 神农架林区、恩施州各县 | √ | 广布种 | 19 |
| 23 | | 反瓣虾脊兰 | *Calanthe reflexa* | 鹤峰县、宣恩县 | √ | 广布种 | 293 |
| 24 | | 大黄花虾脊兰 | *Calanthe sieboldii* | 兴山县南阳镇(标本记录) | √ | 狭域种/极小种群 | 不详 |
| 25 | | 长距虾脊兰 | *Calanthe sylvatica* | 利川市(标本记录) | √ | 广布种 | 不详 |
| 26 | | 三棱虾脊兰 | *Calanthe tricarinata* | 神农架林区、巴东县、五峰县 | √ | 广布种 | 108 |
| 27 | | 三褶虾脊兰 | *Calanthe triplicata* | 神农架林区 | √ | 广布种 | 不详 |
| 28 | | 无距虾脊兰 | *Calanthe tsoongiana* ▲ | 通山县 | √ | 广布种 | 24 |
| 29 | | 巫溪虾脊兰 | *Calanthe wuxiensis* ▲ | 神农架林区 | √ | 狭域种 | 41 |

续表

| 编号 | 属名 | 中文名 | 拉丁名 | 湖北省分布 | 野外发现 | 分布类型 | 种群数量 |
|---|---|---|---|---|---|---|---|
| 30 | | 峨边虾脊兰 | *Calanthe yuana* | 神农架林区、巴东县 | √ | 狭域种 | 43 |
| 31 | 头蕊兰属 Cephalanthera | 银兰 | *Cephalanthera erecta* | 广泛分布 | √ | 广布种 | 224 |
| 32 | | 金兰 | *Cephalanthera falcata* | 广泛分布 | √ | 广布种 | 301 |
| 33 | | 头蕊兰 | *Cephalanthera longifolia* | 神农架林区 | √ | 广布种 | 不详 |
| 34 | 叠鞘兰属 Chamaegas - trodia | 川滇叠鞘兰 | *Chamaegastrodia inverta* | 神农架林区(标本记录) | √ | 广布种 | 不详 |
| 35 | | 戟唇叠鞘兰 | *Chamaegastrodia vaginata* | 神农架林区 | / | 广布种 | |
| 36 | 独花兰属 Changnienia | 独花兰 | *Changnienia amoena* | 神农架林区、宣恩县、巴东县、利川市、英山县、罗田县 | √ | 广布种 | 150 |
| 37 | 金唇兰属 Chrysoglossum | 金唇兰 | *Chrysoglossum ornatum* | 神农架林区 | / | 广布种 | 不详 |
| 38 | 吻兰属 Collabium | 台湾吻兰 | *Collabium formosanum* | 宣恩县 | √ | 广布种 | 2 025 |
| 39 | 蛤兰属 Conchidium | 高山蛤兰 | *Conchidium japonicum* ▲ | 利川市 | √ | 广布种 | 460 |
| 40 | 杜鹃兰属 Cremastra | 无叶杜鹃兰 | *Cremastra aphylla* | 五峰县、宣恩县 | √ | 狭域种/极小种群 | 4 |
| 41 | | 杜鹃兰 | *Cremastra appendiculata* | 广泛分布 | √ | 广布种 | 114 |
| 42 | 兰属 Cymbidium | 莎草兰 | *Cymbidium elegans* | 宜昌市 | / | 广布种 | 不详 |
| 43 | | 建兰 | *Cymbidium ensifolium* | 广泛分布 | √ | 广布种 | 68 |
| 44 | | 蕙兰 | *Cymbidium faberi* var. *faberi* | 广泛分布 | √ | 广布种 | 2 864 |
| 45 | | 长叶兰 | *Cymbidium erythraeum* | 神农架林区 | / | 广布种 | 不详 |
| 46 | | 多花兰 | *Cymbidium floribundum* | F | √ | 广布种 | 1 196 |
| 47 | | 春兰 | *Cymbidium goeringii* | 广泛分布 | √ | 广布种 | 3 263 |

续表

| 编号 | 属名 | 中文名 | 拉丁名 | 湖北省分布 | 野外发现 | 分布类型 | 种群数量 |
|---|---|---|---|---|---|---|---|
| 48 | | 寒兰 | *Cymbidium kanran* | 宣恩县、英山县 | √ | 广布种 | 85 |
| 49 | | 兔耳兰 | *Cymbidium lancifolium* | 神农架林区、鹤峰县 | √ | 广布种 | 61 |
| 50 | | 大根兰 | *Cymbidium macrorhizon* | 五峰县 | √ | 广布种 | 1 |
| 51 | 杓兰属 *Cypripedium* | 对叶杓兰 | *Cypripedium debile* | 兴山县(标本记录) | √ | 广布种 | 不详 |
| 52 | | 毛瓣杓兰 | *Cypripedium fargesii* | 咸丰县 | √ | 狭域种 | 22 |
| 53 | | 大叶杓兰 | *Cypripedium fasciolatum* | 神农架林区、咸丰县 | √ | 广布种 | 18 |
| 54 | | 黄花杓兰 | *Cypripedium flavum* | 神农架林区 | √ | 广布种 | 45 |
| 55 | | 毛杓兰 | *Cypripedium franchetii* | 神农架林区 | √ | 广布种 | 308 |
| 56 | | 紫点杓兰 | *Cypripedium guttatum* | 神农架林区 | √ | 广布种 | 40 |
| 57 | | 绿花杓兰 | *Cypripedium henryi* | 神农架林区、五峰县、利川市 | √ | 广布种 | 127 |
| 58 | | 扇脉杓兰 | *Cypripedium japonicum* | 鄂西地区、大别山地区 | √ | 广布种 | 589 |
| 59 | | 斑叶杓兰 | *Cypripedium margaritaceum* | 神农架林区 | / | 狭域种/极小种群 | 不详 |
| 60 | | 离萼杓兰 | *Cypripedium plectrochilum* | 神农架林区、五峰县 | √ | 广布种 | 43 |
| 61 | 掌裂兰属 *Dactylorhiza* | 凹舌掌裂兰 | *Dactylorhiza viridis* | 神农架林区 | √ | 广布种 | 17 |
| 63 | 石斛属 *Dendrobium* | 曲茎石斛 | *Dendrobium flexicaule* | 神农架林区、五峰县 | √ | 广布种 | 20 |
| 64 | | 单叶厚唇兰 | *Dendrobium fargesii* | 神农架林区、宣恩县 | √ | 广布种 | 81 300 |
| 65 | | 细叶石斛 | *Dendrobium hancockii* | 神农架林区 | √ | 广布种 | 552 |
| 66 | | 霍山石斛 | *Dendrobium huoshanense* | 英山县 | √ | 狭域种/极小种群 | 36 |
| 67 | | 美花石斛 | *Dendrobium loddigesii* | 神农架林区、竹溪县 | √ | 广布种 | 不详 |

续表

| 编号 | 属名 | 中文名 | 拉丁名 | 湖北省分布 | 野外发现 | 分布类型 | 种群数量 |
|---|---|---|---|---|---|---|---|
| 68 | | 罗河石斛 | *Dendrobium lohohense* | 神农架林区、竹溪县 | √ | 广布种 | 不详 |
| 69 | | 石斛 | *Dendrobium nobile* | 五峰县 | √ | 广布种 | 不详 |
| 70 | | 铁皮石斛 | *Dendrobium officinale* | 神农架林区、英山县、利川市 | √ | 广布种 | 37 |
| 71 | | 大花石斛 | *Dendrobium wilsonii* | 宣恩县、鹤峰县、神农架林区、五峰县 | √ | 广布种 | 620 |
| 72 | 火烧兰属 *Epipactis* | 火烧兰 | *Epipactis helleborine* | 宣恩县、巴东县、神农架林区 | √ | 广布种 | 12 |
| 73 | | 大叶火烧兰 | *Epipactis mairei* var. *mairei* | 广泛分布 | √ | 广布种 | 135 |
| 74 | | 卵叶火烧兰 | *Epipactis royleana* | 恩施市(标本记录) | √ | 狭域种 | 不详 |
| 75 | 虎舌兰属 *Epipogium* | 裂唇虎舌兰 | *Epipogium aphyllum* | 神农架林区(标本记录) | √ | 广布种 | 不详 |
| 76 | 美冠兰属 *Eulophia* | 长距美冠兰 | *Eulophia faberi* | 神农架林区 | / | 广布种 | 不详 |
| 77 | | 美冠兰 | *Eulophia graminea* | 红安县 | √ | 广布种 | 不详 |
| 78 | 山珊瑚属 *Galeola* | 毛萼山珊瑚 | *Galeola lindleyana* | 神农架林区、五峰县、宣恩县 | √ | 广布种 | 37 |
| 79 | | 直立山珊瑚 | *Galeola falconeri* | 神农架林区、英山县 | √ | 狭域种/极小种群 | 1 |
| 80 | 盆距兰属 *Gastrochilus* | 台湾盆距兰 | *Gastrochilus formosanus* | 宣恩县、罗田县、神农架林区 | √ | 广布种 | 52 |
| 81 | 蝴蝶兰属 *Phalaenopsis* | 东亚蝴蝶兰 | *Phalaenopsis subparishii* | 宣恩县 | √ | 狭域种 | 20 |
| 82 | 天麻属 *Gastrodia* | 天麻 | *Gastrodia elata* f. *flavida* | 广泛分布 | √ | 广布种 | 18 |
| 83 | 斑叶兰属 *Goodyera* | 大花斑叶兰 | *Goodyera biflora* | 广泛分布 | √ | 广布种 | 1 029 |
| 84 | | 波密斑叶兰 | *Goodyera bomiensis* | 巴东县 | √ | 广布种/极小种群 | 2 |
| 85 | | 多叶斑叶兰 | *Goodyera foliosa*▲ | 神农架林区 | √ | 广布种 | 不详 |
| 86 | | 光萼斑叶兰 | *Goodyera henryi* | 神农架林区、宣恩县、鹤峰县 | √ | 广布种 | 1 130 |

续表

| 编号 | 属名 | 中文名 | 拉丁名 | 湖北省分布 | 野外发现 | 分布类型 | 种群数量 |
|---|---|---|---|---|---|---|---|
| 87 | | 小斑叶兰 | *Goodyera repens* | 广泛分布 | √ | 广布种 | 12 |
| 88 | | 斑叶兰 | *Goodyera schlechtendaliana* | 广泛分布 | √ | 广布种 | 3 520 |
| 89 | | 歌绿斑叶兰 | *Goodyera seikoomontana* ▲ | 通山县 | √ | 狭域种 | 55 |
| 90 | | 绒叶斑叶兰 | *Goodyera velutina* | 神农架林区、宣恩县 | √ | 广布种 | 18 |
| 91 | | 小小斑叶兰 | *Goodyera yangmeishanensis* ▲ | 通山县 | √ | 狭域种 | 不详 |
| 92 | 手参属 *Gymnadenia* | 西南手参 | *Gymnadenia orchidis* | 神农架林区、兴山县 | √ | 广布种 | 不详 |
| 93 | 玉凤花属 *Habenaria* | 毛葶玉凤花 | *Habenaria ciliolaris* | 神农架林区、宣恩县、五峰县、长阳县 | √ | 广布种 | 258 |
| 94 | | 长距玉凤花 | *Habenaria davidii* | 神农架林区、宣恩县(标本记录) | √ | 广布种 | 不详 |
| 95 | | 鹅毛玉凤花 | *Habenaria dentata* | 神农架林区、五峰县(标本记录) | √ | 广布种 | 不详 |
| 96 | | 宽药隔玉凤花 | *Habenaria limprichtii* | 神农架林区、宜都市(标本记录) | √ | 广布种 | 不详 |
| 97 | | 裂瓣玉凤花 | *Habenaria petelotii* | 神农架林区、五峰县 | √ | 广布种 | 24 |
| 98 | | 十字兰 | *Habenaria schindleri* | 神农架林区 | √ | 广布种 | 不详 |
| 99 | 舌喙兰属 *Hemipilia* | 粗距舌喙兰 | *Hemipilia crassicalcarata* | 南漳县、兴山县 | / | 广布种 | 不详 |
| 100 | | 裂唇舌喙兰 | *Hemipilia henryi* | 神农架林区、房县、南漳县 | √ | 广布种 | 118 |
| 101 | | 扇唇舌喙兰 | *Hemipilia flabellata* | 神农架林区、南漳县、保康县 | √ | 广布种 | 62 |
| 102 | | 竹溪舌喙兰 | *Hemipilia zhuxiense* ★ | 竹溪县 | √ | 狭域种/极小种群 | 5 |
| 103 | 角盘兰属 *Herminium* | 叉唇角盘兰 | *Herminium lanceum* | 利川市星斗山国家级自然保护区 | √ | 广布种 | 15 |
| 104 | 槽舌兰属 *Holcoglossum* | 短距槽舌兰 | *Holcoglossum flavescens* | 利川市 | √ | 广布种 | 21 |
| 105 | 瘦房兰属 *Ischnogyne* | 瘦房兰 | *Ischnogyne mandarinorum* | 神农架林区 | √ | 广布种 | 160 |

续表

| 编号 | 属名 | 中文名 | 拉丁名 | 湖北省分布 | 野外发现 | 分布类型 | 种群数量 |
|---|---|---|---|---|---|---|---|
| 106 | 羊耳蒜属 *Liparis* | 镰翅羊耳蒜 | *Liparis bootanensis* | 恩施市 | √ | 广布种 | 不详 |
| 107 | | 小羊耳蒜 | *Liparis fargesii* | 神农架林区 | √ | 广布种 | 5 860 |
| 108 | | 福建羊耳蒜 | *Liparis dunnii* | 神农架林区 | / | 狭域种 | 不详 |
| 109 | | 尾唇羊耳蒜 | *Liparis krameri* | 宣恩县、五峰县(标本记录) | √ | 狭域种 | 不详 |
| 110 | | 黄花羊耳蒜 | *Liparis luteola* ▲ | 五峰县 | √ | 狭域种/极小种群 | 4 |
| 111 | | 见血青 | *Liparis nervosa* | 广泛分布 | √ | 广布种 | 778 |
| 112 | | 香花羊耳蒜 | *Liparis odorata* | 神农架林区、巴东县(标本记录) | √ | 广布种 | 不详 |
| 113 | | 长唇羊耳蒜 | *Liparis pauliana* | 五峰县 | √ | 广布种 | 11 |
| 114 | | 裂瓣羊耳蒜 | *Liparis platyrachis* | 五峰县 | √ | 狭域种 | 150 |
| 115 | | 齿突羊耳蒜 | *Liparis rostrata* ▲ | 利川市 | √ | 狭域种 | 22 |
| 116 | | 长茎羊耳蒜 | *Liparis viridiflora* | 宣恩县 | √ | 广布种 | 1 275 |
| 117 | | 羊耳蒜 | *Liparis campylostalix* | 广泛分布 | √ | 广布种 | 86 |
| 118 | 钗子股属 *Luisia* | 纤叶钗子股 | *Luisia hancockii* | 兴山县 | √ | 广布种 | 100 |
| 119 | | 叉唇钗子股 | *Luisia teres* | 标本记录 | √ | 广布种 | 不详 |
| 120 | 原沼兰属 *Malaxis* | 原沼兰 | *Malaxis monophyllos* | 神农架林区 | √ | 广布种 | 14 |
| 121 | 全唇兰属 *Myrmechis* | 全唇兰 | *Myrmechis chinensis* | 巴东县(标本记录) | √ | 广布种 | 不详 |
| 122 | 鸟巢兰属 *Neottia* | 尖唇鸟巢兰 | *Neottia acuminata* | 神农架林区 | √ | 广布种 | 17 |
| 123 | | 巨唇对叶兰 | *Neottia chenii* | 神农架林区(标本记录) | √ | 狭域种 | 不详 |
| 124 | | 大花对叶兰 | *Neottia grandiflora* var. *grandiflora* | 神农架林区 | / | 广布种 | 不详 |

续表

| 编号 | 属名 | 中文名 | 拉丁名 | 湖北省分布 | 野外发现 | 分布类型 | 种群数量 |
|---|---|---|---|---|---|---|---|
| 125 | | 日本对叶兰 | *Neottia japonica* ▲ | 通山县 | √ | 狭域种/极小种群 | 4 |
| 126 | | 花叶对叶兰 | *Neottia puberula* var. *maculata* | 神农架林区 | / | 狭域种 | 不详 |
| 127 | 芋兰属 *Nervilia* | 广布芋兰 | *Nervilia aragoana* | 标本记录 | √ | 广布种 | 不详 |
| 128 | 鸢尾兰属 *Oberonia* | 狭叶鸢尾兰 | *Oberonia caulescens* | 神农架林区 | √ | 广布种 | 60 |
| 129 | | 宝岛鸢尾兰 | *Oberonia insularis* | 神农架林区、五峰县、建始县 | √ | 狭域种 | 5 140 |
| 130 | 小沼兰属 *Oberonioides* | 小沼兰 | *Oberonioides microtatantha* ▲ | 通山县 | √ | 广布种 | 149 |
| 131 | 齿唇兰属 *Odontochilus* | 西南齿唇兰 | *Odontochilus elwesii* ▲ | 宣恩县 | √ | 广布种 | 373 |
| 132 | | 旗唇兰 | *Odontochilus yakushimensis* ▲ | 宣恩县 | √ | 广布种/极小种群 | 5 |
| 133 | 山兰属 *Oreorchis* | 长叶山兰 | *Oreorchis fargesii* | 神农架林区、宣恩县 | √ | 广布种 | 106 |
| 134 | | 囊唇山兰 | *Oreorchis foliosa* var. *indica* | 神农架林区 | / | 广布种 | 不详 |
| 135 | | 硬叶山兰 | *Oreorchis nana* | 神农架林区 | / | 广布种 | 不详 |
| 136 | 钻柱兰属 *Pelatantheria* | 蜈蚣兰 | *Pelatantheria scolopendrifolia* | 神农架林区、英山县、黄陂区 | √ | 广布种 | 5 050 |
| 137 | 阔蕊兰属 *Peristylus* | 小花阔蕊兰 | *Peristylus affinis* | 宣恩县 | √ | 广布种 | 67 |
| 138 | | 一掌参 | *Peristylus forceps* | 神农架林区 | √ | 广布种 | 70 |
| 139 | 石仙桃属 *Pholidota* | 云南石仙桃 | *Pholidota yunnanensis* | 鄂西地区 | √ | 广布种 | 75 150 |
| 140 | 鹤顶兰属 *Phaius* | 黄花鹤顶兰 | *Phaius flavus* | 神农架林区、五峰县 | √ | 广布种 | 257 |
| 141 | 蝴蝶兰属 *Phalaenopsis* | 短茎萼脊兰 | *Phalaenopsis subparishii* | 五峰县 | √ | 广布种 | 16 |
| 142 | 苹兰属 *Pinalia* | 马齿苹兰 | *Pinalia szetschuanica* | 神农架林区 | / | 广布种 | 不详 |
| 143 | 舌唇兰属 *Platanthera* | 对耳舌唇兰 | *Platanthera finetiana* | 神农架林区 | √ | 广布种 | 15 |

续表

| 编号 | 属名 | 中文名 | 拉丁名 | 湖北省分布 | 野外发现 | 分布类型 | 种群数量 |
|---|---|---|---|---|---|---|---|
| 144 | | 二叶舌唇兰 | *Platanthera chlorantha* | 标本记录 | √ | 广布种 | 不详 |
| 145 | | 舌唇兰 | *Platanthera japonica* | 五峰县后河保护区 | √ | 广布种 | 608 |
| 146 | | 尾瓣舌唇兰 | *Platanthera mandarinorum subsp. mandarinorum* | 建始县(标本记录) | √ | 广布种 | 不详 |
| 147 | | 小舌唇兰 | *Platanthera minor* | 五峰县 | √ | 广布种 | 141 |
| 148 | | 东亚舌唇兰 | *Platanthera ussuriensis* | 神农架林区 | √ | 广布种 | 不详 |
| 149 | | 密花舌唇兰 | *Platanthera hologlottis* | 神农架林区(标本记录) | / | 广布种 | 不详 |
| 150 | 独蒜兰属 *Pleione* | 独蒜兰 | *Pleione bulbocodioides* | 广泛分布 | √ | 广布种 | 61 300 |
| 151 | | 毛唇独蒜兰 | *Pleione hookeriana* | 标本记录 | / | 广布种 | 不详 |
| 152 | | 美丽独蒜兰 | *Pleione pleionoides* | 鹤峰县 | √ | 广布种 | 822 |
| 153 | 朱兰属 *Pogonia* | 朱兰 | *Pogonia japonica* | 利川市、巴东县、宣恩县 | √ | 广布种 | 101 |
| 154 | 小红门兰属 *Ponerorchis* | 头序无柱兰 | *Ponerorchis capitatum* | 神农架林区 | / | 广布种 | 不详 |
| 155 | | 广布小红门兰 | *Ponerorchis chusua* | 神农架林区 | √ | 广布种 | 176 |
| 156 | | 无柱兰 | *Ponerorchis gracile* | 神农架林区、五峰县、宣恩县 | √ | 广布种 | 248 |
| 157 | | 一花无柱兰 | *Ponerorchis monanthum* | 神农架林区 | / | 广布种 | 不详 |
| 158 | | 二叶兜被兰 | *Ponerorchis monophylla* | 神农架林区(标本记录) | √ | 广布种 | 不详 |
| 159 | | 大花无柱兰 | *Ponerorchis pinguicula* | 神农架林区 | / | 广布种 | 不详 |
| 160 | 菱兰属 *Rhomboda* | 贵州菱兰 | *Rhomboda fanjingensis* ▲ | 五峰县 | √ | 广布种 | 167 |
| 161 | 绶草属 *Spiranthes* | 绶草 | *Spiranthes sinensis* | 广泛分布 | √ | 广布种 | 72 |
| 162 | 带唇兰属 *Tainia* | 带唇兰 | *Tainia dunnii* | 来凤县 | √ | 广布种 | 114 |

续表

| 编号 | 属名 | 中文名 | 拉丁名 | 湖北省分布 | 野外发现 | 分布类型 | 种群数量 |
|---|---|---|---|---|---|---|---|
| 163 | **筒距兰属** ***Tipularia*** | 筒距兰 | *Tipularia szechuanica* | 神农架林区 | √ | 广布种 | 不详 |
| 164 | **白点兰属** ***Thrixspermum*** | 小叶白点兰 | *Thrixspermum japonicum* | 五峰县、宣恩县 | √ | 广布种 | 144 |
| 165 | | 长轴白点兰 | *Thrixspermum saruwatarii* | 神农架林区 | / | 广布种 | 不详 |
| 166 | **线柱兰属** ***Zeuxine*** | 线柱兰 | *Zeuxine strateumatica* | 神农架林区 | √ | 广布种 | 不详 |
| 167 | **风兰属** ***Vanda*** | 风兰 | *Vanda falcata* | 标本记录 | √ | 广布种 | 不详 |
| 168 | | 短距风兰 | *Vanda richardsiana* ▲ | 五峰县 | √ | 狭域种 | 54 |

注：兰科植物信息来源于《中国植物志》《湖北植物志》《神农架植物大全》，以及各标本馆的馆藏标本和野外调查；▲表示湖北省新分布记录种；★表示此次发现的新物种。

近年来，湖北省野生兰科植物新种和分布新记录亦有发表，Yan等(2021)在湖北五峰县发现的1新种锚齿卷瓣兰(*Bulbophyllum hamatum* Q.Yan, Xin W.Li & J.Q.Wu)，本次调查我们在恩施州利川市亦有发现；龚仁虎等(2022)报道了湖北兰科植物1个新记录属菱兰属(*Rhomboda*)，4个新记录种，即贵州菱兰(*Rhomboda fanjingensisi*)、大根兰(*Cymbidium macrorhizon*)、西南齿唇兰(*Odontochilus elwesii*)和多叶斑叶兰(*Goodyera foliosa*)，除了多叶斑叶兰，其余3个新记录种本次野外调查均有发现。晏启等(2023)报道了湖北省野生兰科植物2个新分布记录属：带叶兰属和带唇兰属，以及4个新分布记录种，即带叶兰(*Taeniophyllum glandulosum*)、带唇兰(*Tainia dunnii*)、河南卷瓣兰(*Bulbophyllum henanense*)、小小斑叶兰(*Goodyera yangmeishanensis*)，本次野外调查这两个新记录属均有发现，除了河南卷瓣兰和小小斑叶兰，其余新分布记录我们在野外也均有发现。

本次调查共设置样线169条，设置样方2208个，其中固定样方453个、临时样方1755个，设置样木63个。从本次调查所设置的样方数据来看，部分地区的兰科植物种群数量较之前的调查数据来说有所下降，例如恩施州的样方数量最多，超过神农架林区的样方数，这可能是由在样方设置过程中调查覆盖的不全面性和调查人员的主观选择性所导致，但是比较区域面积来看，神农架林区的兰科植物资源物种丰富度依然是湖北省最高。

湖北省野生兰科植物资源物种丰富度市级水平上的地理分布见图3-1。

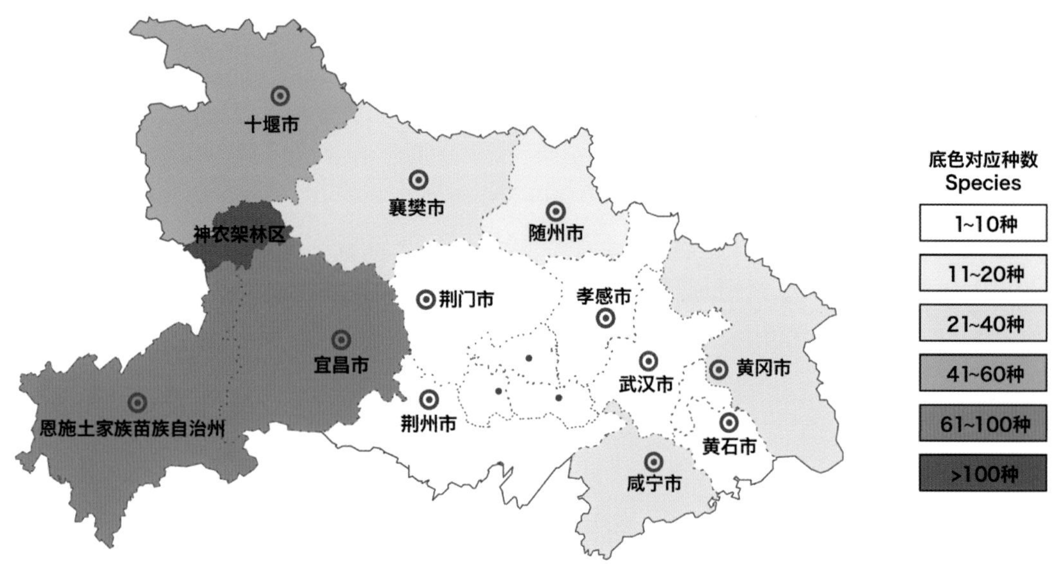


图 3-1 湖北省野生兰科植物资源物种丰富度图(市级水平)

值得注意的是,本次统计到湖北省兰科植物共有57属168种,但是其中有43种在2020—2021年的湖北省兰科植物补充调查中未在野外发现,这43种兰科植物有21种能够在标本馆查阅到采集地为湖北,另外还有22种既无标本也没有地理信息和照片,仅有文献等记载湖北有分布。因此,湖北省目前野外到底有多少种兰科植物仍然还有待进一步考证和发现。

湖北省的168种兰科植物的分布情况如表3-2所示,野外调查发现的有125种。只分布在一个县的兰科植物有61种,占总数的36.31%;分布县最多的有3种,占比1.79%,分别为春兰 *Cymbidium goeringii* (Rchb. F.)Rchb. F.、蕙兰 *Cymbidium faberi* Rolfe和斑叶兰 *Goodyera schlechtendaliana* Rchb. F.,其中斑叶兰 *Goodyera schlechtendaliana* Rchb. F.分布最广泛,在16个县市都有发现,其次是蕙兰 *Cymbidium faberi* Rolfe,分布在15个县市。这3种兰科植物对环境的适应性高,广布散生。

表 3-2 兰科植物按所处县分等级统计表

| 序号 | 分布县数 | 物种数/个 | 比例/% |
|---|---|---|---|
| 1 | 不详 | 43 | 25.60 |
| 2 | 1 | 61 | 36.31 |
| 3 | 2～5 | 47 | 27.98 |
| 4 | 6～10 | 14 | 8.33 |
| 5 | ＞11 | 3 | 1.79 |
| 合计 | | 168 | 100 |

在湖北省各县级行政区中野外调查到的兰科植物的分布情况也有较大差异(图3-2),其中物种数量分布最多的是神农架林区,有57种;其次是恩施州宣恩县分布有43种、宜昌市五峰县分布有43种,恩施州利川市分布有38种,恩施州鹤峰县分布有30种。这些地区都处于两省交界处,多为山地,地形复杂,植被类型多样,从而孕育了兰科植物的多样性。鄂西山地地形、气候复杂、环境条件优越,是我国华东和日本植物区系西行、喜马拉雅植物区系东衍、华南植物区系北上与华北温带植物区系南下的交汇场所,得天独厚的条件使这片区域保留了很多的天然避难所;又因鄂西山地垂直变化很大,植被的垂直分布十分明显,这对兰科植物的生长、发育、繁殖和进化十分有利。所以这个区域内兰科植物物种多样性的丰富度远高于湖北省其他地区,且有新种的发现都是合乎常理的事情。

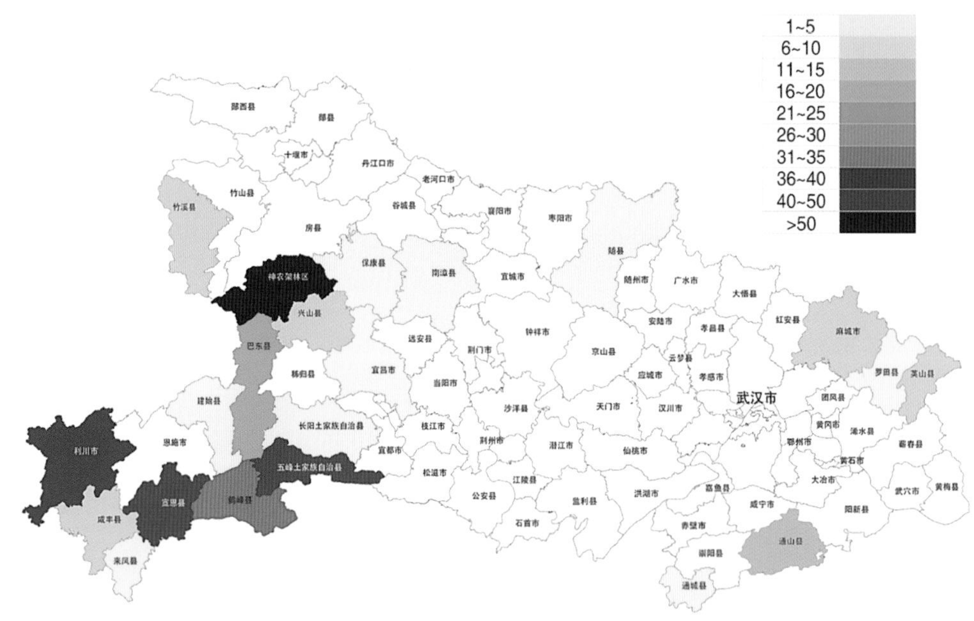

图3-2 湖北省各县市野外调查兰科植物丰富度分布图(县级水平)

## 第三节 湖北省野生兰科植物广布种、狭域种和极小种群

统计湖北省所有的兰科植物,其中广布种有141种,种群数量小于10个的极小种群有3种;狭域种有27种,其中极小种群有9种,具体名录见表3-1。

### 一、广布种

在广布种中,此次野外调查发现有76种,其中分布最广泛的3种兰科植物:斑叶兰*Goodyera schlechtendaliana*,在16个县市都有发现;蕙兰*Cymbidium faberi*,在15个县市中有分布；春兰 *Cymbidium goeringii* 在12个县市中有分布。在野外调查中未发现的广布种有65种，造成这种情况的原因可能有以下几种：①由于调查的范围覆盖得不全面，可能遗漏掉一些生态环境较好、可能存在兰科植物的地区，如十堰市的武当山、竹山县等地区；②由于兰科植物大多花期较短，且进入营养期后植株难以被发现，在同一调查时期内无法兼顾每个地区，导致错过了花期后难以找到某些兰科植物的踪迹，特别是叠鞘兰属、虎舌兰属这一类的菌类寄生兰科植物；③在以往记载的湖北省兰科植物名录中，有些只有标本记录或各地区志书中的中文字记录，不排除有鉴定错误或记载错误的可能。

在76个广布种中，种群数量小于10个的极小种群有3个，分别为弧距虾脊兰（*Calanthe arcuata* var. *arcuata*）、波密斑叶兰（*Goodyera bomiensis*）和旗唇兰（*Odontochilus yakushimensis*），都只在一个分布地发现，且都在国家级自然保护区内。其中，弧距虾脊兰和波密斑叶兰的濒危等级为VU，造成这3个物种数量在湖北省内如此稀少的原因可能是其栖息地、分布区有一定程度的衰退，应在保持现有的生态环境下对这几个物种采取一些就地保护的措施；在我们的调查中也设立了固定样方对其进行持续监测，观察物种居群数量的动态变化。

## 二、狭域种

在实际调查过程中，我们将历史分布区域少于两个省，或在湖北省境内分布地点仅为一处的物种定义为湖北省兰科植物的狭域种，共计有24种，其中种群数量小于10个的极小种群有9个。

1. 锚齿卷瓣兰 *Bulbophyllum hamatum* Q.Yan, Xin W.Li & J.Q.Wu（图3-3）

本种是在湖北省利川市发现的石豆兰属，初期疑似为新物种，后经证实，由Yan等（2021）命名为锚齿卷瓣兰并正式发表于 *Phytotaxa* 上。其生于混交林山地的山脊的干燥岩壁上。目前仅发现1个居群，但是种群数量较大，在1500～2000个之间。虽然这是新发现，但从种群规模来看还比较可观。石豆兰属植物开花不明显，且错过花期难以辨认到种，因此可能在发现的石豆兰属未知种中可能也有本种的存在。

图3-3 **锚齿卷瓣兰** *Bulbophyllum hamatum*

2. 峨边虾脊兰 *Calanthe yuana*（图 3-4）

原分布于湖北省西部(房县)和四川省西南部(峨边彝族自治县)。本次调查在湖北省发现分布于神农架林区,海拔1374.5m,生于河谷边混交林下的潮湿草丛中。统计本次发现的数量为43株,其中成熟个体数应在35株左右。本种为中国特有种,为濒危(EN)物种,在调查中发现,除了保护区内的分布地生境保持得较为良好外,保护区外的分布地生境都有着不同程度的破坏或退化的情况,这可能是造成其致危的一个关键因素。

图 3-4 **峨边虾脊兰** *Calanthe yuana*

3. 巫溪虾脊兰 *Calanthe wuxiensis*（图 3-5）

本种是2017年在重庆巫溪阴条岭国家级自然保护区内发现的虾脊兰属新种,本次在湖北省发现于神农架林区,海拔2189.9m,生于河谷边的湿润草丛中,种群数量为41株。本种虽为2017年的新种,但之前在《神农架植物志》中就有记载,只是将其错认为峨边虾脊兰,随着全国兰科植物的调查推进,在贵州也发现有巫溪虾脊兰的分布,本种或许在后面将不再是一个狭域种。

图 3-5 **巫溪虾脊兰** *Calanthe wuxiensis*

4. 毛瓣杓兰 *Cypripedium fargesii*（图 3-6）

原分布于甘肃省南部(武都)、湖北省西部和四川省东北部至西部。本次调查在咸丰县仅发现有两个居群共22株,生于混交林下的岩壁上,海拔1500.6m。本种是中国特有种,也是濒危(EN)物种,此次发现弥补了毛瓣杓兰在湖北省百余年无报道的空白。在调查中发现其致危原因可能是毁林开荒、采矿使栖息地明显退化，加上原本数量就稀少，比较珍贵，也遭到了一定程度的人为采挖，受威胁严重。毛瓣杓兰因为其特殊的斑纹和吸引昆虫传粉机制，科学价值和文化意义很大，但是在该保护区未见有适当的保护管理措施，建议将此次设立的两个固定样方作为保护区的定期监测点位，对这两个居群就地保护起来。

图 3-6 **毛瓣杓兰** *Cypripedium fargesii*

5. 卵叶火烧兰 *Epipactis royleana*

原分布于湖北省恩施市，本次调查中未发现野外分布，湖北省的火烧兰属中3个种较为相似，不排除调查中鉴定有误的可能。

6. 东亚蝴蝶兰 *Phalaenopsis subparishii*（图 3-7）

原分布于湖北省西南部（宣恩县）、贵州省东北部（江口县），后在福建省三明市、南平市，以及浙江省临安区、丽水市、杭州市陆续有发现，本次调查发现于湖北省宣恩县七姊妹山国家级自然保护区。本种是中国特有种，但自发现以来野外记录较少，可能是其栖息地质量衰退，成熟个体数减少导致现在成为濒危物种。

图 3-7 **东亚蝴蝶兰** *Phalaenopsis subparishii*

7. 歌绿斑叶兰 *Goodyera seikoomontana*（图 3-8）

原分布于我国台湾省南部、广东壮族自治区、广西省，本次调查在湖北省发现于咸宁市通山县，海拔366.9m，生于常绿阔叶林下，共发现3个居群，种群数量55个。本种为易危（VU）物种，此次也是本种在我国大陆地区的首次新发现，调查过程中发现因不处在保护区范围内，山区的开荒种地对本种构成严重威胁，难以管理当地村民对生境的破坏，建议对居群分布地点设立固定样方进行监测保护。

图 3-8 **歌绿斑叶兰** *Goodyera seikoomontana*

8. 尾唇羊耳蒜 *Liparis krameri*

原分布于湖北省西南部（宣恩县），本次调查中未发现野外分布，由于种群数据缺乏，成熟个体数不详，但仍有采挖用于园林观赏，我大陆地区无分布。野外未见活体。致危因子：人为采挖或砍伐。

9. 齿突羊耳蒜 *Liparis rostrata*（图 3-9）

原分布于西藏自治区南部（吉隆县），后在湖南省、安徽省六安市等地有发现，本次调查发现于湖北省恩施州利川市，海拔1436.4m，生于针阔混交林下，此次发现两个居群，种群数量有22个。本种在IUCN中为缺失数据（DD），可能是其栖息地质量衰退，成熟个体数减少造成的湖北省内该种分布地在保护区内，建议设立监测样方。

图 3-9 **齿突羊耳蒜** *Liparis rostrata*

10. 福建羊耳蒜 *Liparis dunnii*

原分布于福建省西部，湖北省记录于神农架林区，但只有标本信息，没有活体图片信息，难以辨认。本次调查中未发现野外分布。

11. 裂瓣羊耳蒜 *Liparis platyrachis*（图 3-10）

原分布于云南省西南部（腾冲市），湖北省发现于宜昌市五峰县，附生于梨树上，仅有1个居群，是被当地村民移栽到树上的，种群数量在150个左右。本种为濒危（EN）物种，致危原因主要是过度采集。

图 3-10 **裂瓣羊耳蒜** *Liparis platyrachis*

12. 巨唇对叶兰 *Neottia chenii*

原分布于甘肃南部和四川西部，为中国特有种，湖北省记录于神农架林区，仅有标本信息。本次调查中未发现野外分布。

13. 花叶对叶兰 *Neottia puberula* var. *maculata*

原分布于四川省（城口县、九寨沟县），湖北省记录于神农架林区，本次调查中未发现野外分布。

14. 宝岛鸢尾兰 *Oberonia insularis*（图 3-11）

原分布于台湾省中部（太鲁阁山、东卯山），湖北省发现于宜昌市五峰县，海拔809.9m，生于向阳的干燥岩壁上。本种是中国特有种，也是濒危（EN）物种，致危原因主要是生境的退化。除了在五峰县外，在建始县也发现了本种大量的居群，附生于树上，种群数量在5000个左右。对于本种的保护建议是设立固定样方监测种群数量的动态变化情况。

图 3-11 **宝岛鸢尾兰** *Oberonia insularis*

15. 短距风兰 *Vanda richardsiana*（图 3-12）

仅分布于重庆市万州区，是中国特有种，此次在湖北省发现于宜昌市五峰县，海拔 809.9m，附生于梨树上，仅有1个居群，是被当地村民移栽到树上的。本种是极危（CR）物种，调查发现农林牧业的发展导致栖息地及种群数量持续下降，建议严格管控当地对于森林的开发和砍伐，保护原始的生态环境，对于这些种群设立固定样方监测种群变化。

图 3-12 **短距风兰** *Vanda richardsiana*

## （三）极小种群

### 1. 雅长无叶兰 *Aphyllorchis yachangensis*（图 3-13）

原分布于广西壮族自治区百色市乐业县雅长兰花国家级自然保护区，是2020年发现的无叶兰属新物种，此次在湖北省发现于恩施州宣恩县，海拔1478.3m，生于常绿落叶阔叶混交林下。本种虽为近年来发现的新种，但随着全国兰科植物的调查推进，在贵州省也发现其分布，后续可能会有更多的分布地被发现，本种也将不再是一个极小种群。

图 3-13　**雅长无叶兰** *Aphyllorchis yachangensis*

### 2. 弧距虾脊兰 *Calanthe arcuata* var. *arcuata*（图 3-14）

原分布于陕西省南部（佛坪县）、甘肃省南部（康县）、台湾省（宜兰县、南投县、嘉义县、台东县、花莲县等地）、湖南省（新宁县）、湖北省西部（兴山县一带）、四川省（康定市、九寨沟县、峨眉山市、理县、汶川县、宝兴县、金佛山）、贵州省（地点不详）和云南省西北部（独龙江流域、高黎贡山）。模式标本采自湖北省（兴山县）。此次调查发现于巴东县，海拔1561.8m，生于山地林下或山谷覆有薄土层的岩石上。本种为广布种，但在湖北省种群及数量稀少，且观赏价值高，在开花期

图 3-14　**弧距虾脊兰** *Calanthe arcuata* var. *arcuata*

一经发现，极有可能被附近居民采挖，因此也建议列入极小种群予以保护。此次调查仅发现一个居群共3株。

3. 大黄花虾脊兰 *Calanthe sieboldii*

原分布于台湾省北部（台北市、新竹市等地）、湖南省西南部（新宁县、永州市）、浙江省湖州市，在海南省和湖北省兴山县有标本记录。本种为极危（CR）物种，近几年栖息地质量下降，野外很难见到；又因为该种较高的观赏价值而遭到频繁采挖，种群数量持续下降。

4. 无叶杜鹃兰 *Cremastra aphylla*（图3-15）

原分布于湖南省湘西土家族苗族自治州龙山县大安乡，此次调查发现分布于湖北省五峰县、宣恩县，生于常绿落叶阔叶混交林下。此次仅在野外发现4株，这可能与其腐生的性质有关，错过花期后就难以在野外找到本种。除此之外，我们在调查时还回访了之前设定的固定样方，发现样方中的无叶杜鹃兰早已被当地村民采挖走，因此对于民众保护兰科植物、科学认识兰科植物功效的宣传工作也是兰科植物保护工作中的一个重要内容。

图3-15　**无叶杜鹃兰** *Cremastra aphylla*

5. 斑叶杓兰 *Cypripedium margaritaceum*

原分布于四川西南部和云南西北部，湖北省在五峰后河国家级自然保护区有分布记录，此次调查在湖北省未见野外分布，可能由于调查范围覆盖不到位。本种是狭域分布种也是极小种群，森林工业发展使栖息地明显退化，种群减少；加之分布海拔低，过度采挖严重，使其受威胁严重而成为濒危（EN）物种，与毛瓣杓兰一样，本种科学价值和文化意义大，应作为重点保护对象。

6. 霍山石斛 *Dendrobium huoshanense*（图3-16）

原分布于河南省西南部（南召县）、安徽省西南部（霍山），此次在湖北省英山县，海拔385.6m，生于河谷上方的岩壁上。本种为中国特有种，濒危等级为极危（CR），也是狭域分布种，仅在大别山一带有分布。本次仅在野外发现36株，调查时发现当地群众对于本种的采挖现象非常严重，虽然对霍山石斛的栽培种植产业技术已经较为成熟，但是野生居群仍存在过度采集现象。建议对于这一方面的监管和法规应及时到位，要严厉打击盗采盗卖野生兰科植物行为。

图3-16 **霍山石斛** *Dendrobium huoshanense*

7. 直立山珊瑚 *Galeola falconeri*（图3-17）

原分布于安徽省、台湾省和湖南省南部（宜章县），此次调查在湖北省发现于神农架林区，海拔2136.3m，生于常绿落叶阔叶混交林下。仅在分布地发现1株，本种是中国特有种，未开花前，花葶与毛萼山珊瑚极为相似，不排除在野外调查时，有鉴定错误的可能。但即使这样，山珊瑚属的种群数量都是很稀少的，这可能与其腐生的性质有关。

8. 波密斑叶兰 *Goodyera bomiensis*（图3-18）

原分布于湖北省西部（神农架林区）、云南省（通海县）、西藏自治区东部（波密县）。本次调查在湖北省发现于巴东县，海拔1666.5m，生于原始森林下阴湿草丛中。本种虽然为广布种，但是此次仅在分布地发现1株，为易危（VU）物种，是中国特有种。发现地的生境保存得非常原始，而在其他地区都没有发现本种，生境的退化可能是造成本种数量稀少的原因。

图3-17 **直立山珊瑚** *Galeola falconeri*

图 3-18 **波密斑叶兰** *Goodyera bomiensis*

### 9. 竹溪舌喙兰 *Hemipilia zhuxiensis*（图 3-19）

本种是分布于湖北省十堰市竹溪县的舌喙兰属疑似新物种，生于郁闭度大的阴湿岩壁上。目前仅发现1个居群，种群数量在10个以下。由于本种是新发现物种，后续可能还有更多的居群被发现，暂时作为极小种群处理。

图 3-19 **竹溪舌喙兰** *Hemipilia zhuxiensis*

### 10. 黄花羊耳蒜 *Liparis luteola*（图 3-20）

原分布于湖南省湘西土家族苗族自治州龙山县大安乡，此次调查在湖北省发现于五峰县、宣恩县，生于路边向阳的湿生岩壁上。本种为易危（VU）物种，数量稀少，分布区狭窄，之前野外未见活体标本，本次调查仅发现1个居群，种群数量为4个，又因为在路边的岩壁上生长，被采挖的风险较大，建议移栽一份至有条件的保育中心进行保护，另外还应设立固定样方进行监测。

图3-20 **黄花羊耳蒜** *Liparis luteola*

### 11. 日本对叶兰 *Neottia japonica*（图3-21）

原分布于台湾省，此次调查在湖北省发现于咸宁市通山县，海拔423.4m，生于常绿落叶阔叶混交林下。本次仅在野外发现4株，数量极为稀少，但因生长位置较为隐秘，不易被人发现，被采挖和破坏的风险较小；保护区内的生境被保护得较为完好，后续有再发现更多居群的可能，需要在分布地布设样方进行监测。

图3-21 **日本对叶兰** *Neottia japonica*

12. 旗唇兰 *Odontochilus yakushimensis*（图 3-22）

原分布于陕西省（洋县）、安徽省（宁国市）、浙江省（临安区、遂昌县）、台湾省（兰屿乡）、湖南省（新宁县）、四川省（金佛山、北川羌族自治县）。此次在湖北省发现于恩施州宣恩县，海拔 1283.6m，生于阔叶林下。本种虽然为广布种，但是此次仅在分布地发现5株，植株个体较小，颜色暗红，在野外林下难以发现，不排除调查过程中被疏漏的可能。分布地在七姊妹山国家级自然保护区核心区内，生境良好，没有人为干扰痕迹，建议设立固定样方对种群数量进行监测调查，后续种群数量应该有上升的可能性。

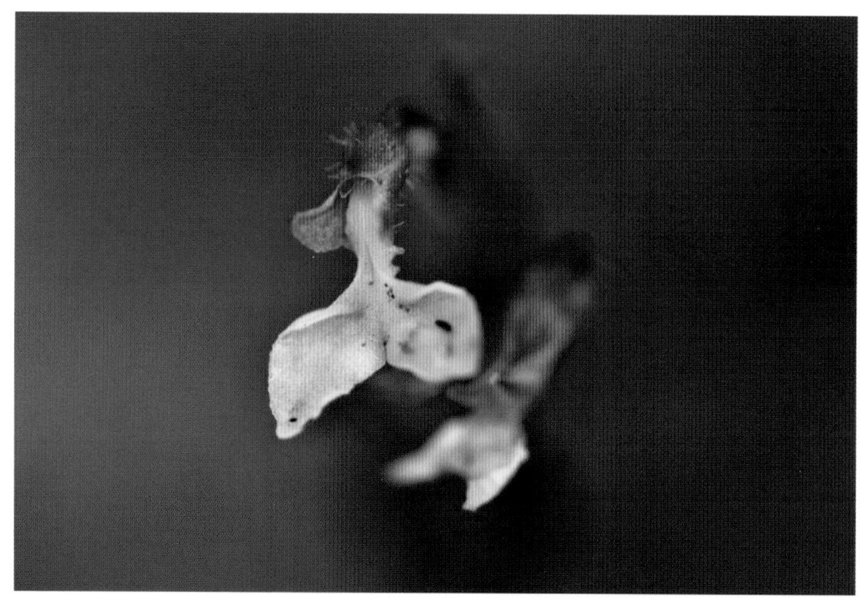

图 3-22 **旗唇兰** *Odontochilus yakushimensis*

## 第四节　湖北省野生兰科植物物种介绍

此节介绍 2020—2021 年度湖北省兰科植物补充调查项目执行期间，野外调查所获得的 125 种野生兰科植物（附录 4）。

1. 朱兰 *Pogonia japonica*（附图 4-1）

**形态特征**：植株高 10～25cm。根状茎直生，具稍肉质根；茎中部或中上部具 1 枚叶。叶稍肉质，近长圆形或长圆状披针形，基部抱茎。花苞片叶状，狭长圆形、线状披针形或披针形；花梗和子房长 1～1.8cm，明显短于花苞片；花单朵顶生，向上斜展，常紫红色或淡紫红色；萼片狭长圆状倒披针形，先端钝或渐尖，中脉两侧不对称；花瓣与萼片相似，近等长，但明显较宽；唇瓣近狭长圆形，向基部略收狭，中部以上 3 裂；侧裂片顶端有不规则缺刻或流苏；中裂片舌状或倒卵形，边缘具流苏状齿缺；蕊柱细长，上部具狭翅。蒴果长圆形。

**物候期:**花期5—7月,果期9—10月。

**生境:**生于海拔400~2000m的山顶草丛中、山谷旁林下、灌丛下湿地或其他湿润之地。

**分布:**恩施州利川市、巴东县、宣恩县。

**濒危等级:**NT。

### 2. 直立山珊瑚 *Galeola falconeri*(附图4-2)

**形态特征:**较高大植物,半灌木状。茎直立,黄棕色,高1m以上,下部近无毛,上部疏被锈色短毛。圆锥花序由顶生与侧生总状花序组成;侧生总状花序长5~12cm;总状花序基部的不育苞片狭卵形,长2~2.5cm,无毛;花苞片狭椭圆形,常与花序轴垂直,背面密被锈色短绒毛;花梗和子房密被锈色短绒毛;花黄色;萼片椭圆状长圆形,背面密被锈色短绒毛;花瓣稍狭于萼片,无毛;唇瓣宽卵形或近圆形,不裂,凹陷,下部两侧多少围抱蕊柱,近基部处变狭并缢缩而形成小囊,边缘有细流苏与不规则齿,内面密生乳突状毛。

**物候期:**花期6—7月,果期7—9月。

**生境:**生于海拔800~2300m的林中透光处、竹林下、阳光强烈的伐木迹地等。

**分布:**神农架林区。

**濒危等级:**VU。

### 3. 毛萼山珊瑚 *Galeola lindleyana*(附图4-3)

**形态特征:**高大植物,根状茎粗厚,疏被卵形鳞片。茎直立,红褐色,基部多少木质化,高1~3m,多少被毛或老时变秃净,节上具宽卵形鳞片。圆锥花序由顶生与侧生总状花序组成;侧生具数朵至10余朵花;总状花序基部的不育苞片卵状披针形,近无毛;花苞片卵形,背面密被锈色短绒毛;花梗和子房密被锈色短绒毛;花黄色;萼片椭圆形至卵状椭圆形,背面密被锈色短绒毛并具龙骨状突起;侧萼片稍长于中萼片;花瓣宽卵形至近圆形,略短于中萼片,无毛;唇瓣杯状,不裂,边缘具短流苏,蕊柱棒状。果近长圆形,淡棕色,种子具翅。

**物候期:**花期5—8月,果期9—10月。

**生境:**生于海拔740~2200m的疏林下、稀疏灌丛中、沟谷边腐殖质丰富、湿润、多石处。

**分布:**神农架林区、宜昌市五峰县、恩施州宣恩县。

**濒危等级:**LC。

### 4. 毛瓣杓兰 *Cypripedium fargesii*(附图4-4)

**形态特征:**植株高约10cm。茎直立,顶端具2枚叶。叶近对生,铺地;叶片宽椭圆形至近圆形,先端钝,上面绿色并有黑栗色斑点,无毛。花葶顶生,具1朵花;无苞片;子房具3棱,棱被柔毛;花较美丽;萼片淡黄绿色,中萼片基部密生栗色斑点,花瓣带白色,内面有淡紫红色条纹,外面有细斑点,唇瓣黄色,有淡紫红色细斑点;中萼片卵形或宽卵形,背面脉被微柔毛,合萼片椭圆状卵形,先端具2微齿;花瓣长圆形,内弯包唇瓣,背面上侧及近顶端密被长柔毛,边缘具长缘毛,唇瓣深囊状,近球形,腹背扁,囊的前方具小疣状突起;退化雄蕊卵形或长圆形。

**物候期**：花期5—7月，果期7—8月。

**生境**：生于海拔1900～3100m的灌丛下、疏林中或草坡上腐殖质丰富地。

**分布**：恩施州咸丰县、宜昌市五峰县。

**濒危等级**：EN。

### 5. 大叶杓兰 *Cypripedium fasciolatum*（附图4-5）

**形态特征**：植株高30～45cm，具粗短的根状茎。茎直立，无毛或上部近关节具短柔毛。叶片椭圆形或宽椭圆形，先端短渐尖，两面无毛，具缘毛。花序顶生，常具1朵花，花序梗上端被短柔毛；子房密被淡红褐色腺毛；花径达12cm，有香气，黄色，萼片与花瓣具栗色脉纹，唇瓣有栗色斑点；中萼片卵状椭圆形或卵形，背面脉上略被微柔毛，合萼片与中萼片相似，先端2浅裂；花瓣线状披针形或宽线形，背面中脉被短柔毛，唇瓣深囊状，稍上举，囊口边缘稍齿状；退化雄蕊卵状椭圆形，边缘略内弯，基部有耳并具短柄，下面有龙骨状突起。

**物候期**：花期4—5月，果期6—8月。

**生境**：生于海拔1600～2900m的疏林中、山坡灌丛下或草坡上。

**分布**：神农架林区。

**濒危等级**：EN。

### 6. 黄花杓兰 *Cypripedium flavum*（附图4-6）

**形态特征**：植株高达50cm。根状茎粗短；茎直立，密被短柔毛。叶3～6枚，椭圆形或椭圆状披针形，两面被短柔毛。花序顶生，常具1朵花，稀2朵花，花序梗被短柔毛；苞片被短柔毛；花梗和子房密被褐色或锈色短毛；花黄色，有时有红晕，唇瓣偶有栗色斑点；中萼片椭圆形，背面中脉与基部疏被微柔毛，合萼片宽椭圆形，先端几不裂，具微柔毛和细缘毛；花瓣近长圆形，先端钝，唇瓣深囊状，囊底具长柔毛；退化雄蕊近圆形或宽椭圆形。蒴果狭倒卵形。

**物候期**：花期6—7月，果期8—9月。

**生境**：生于海拔1800～3450m的林下、林缘、灌丛中或草地上多石湿润之地。

**分布**：神农架林区、宜昌市五峰县。

**濒危等级**：VU。

### 7. 毛杓兰 *Cypripedium franchetii*（附图4-7）

**形态特征**：植株高25～40cm。茎直立，密被长柔毛，上部毛更密。叶3～5枚，椭圆形或卵状椭圆形，两面脉疏被短柔毛。花序顶生，具1朵花，花序梗密被长柔毛；苞片两面脉具疏毛；花梗和子房密被长柔毛；花淡紫红或粉红色，有深色脉纹；中萼片椭圆状卵形或卵形，背面脉疏被短柔毛，合萼片椭圆状披针形，先端2浅裂，背面脉被短柔毛；花瓣披针形，内面基部被长柔毛，唇瓣深囊状；退化雄蕊卵状箭头形，基部具短耳和很短的柄，背面略有龙骨状突起。

**物候期:**花期5—7月,果期7—9月。

**生境:**生于海拔1500~3700m的疏林下或灌木林中湿润、腐殖质丰富和排水良好的地方,也见于湿润草坡上。

**分布:**神农架林区。

**濒危等级:**VU。

8. 紫点杓兰 *Cypripedium guttatum*(附图4-8)

**形态特征:**植株高15~25cm。根状茎细长,横走;茎直立,被短柔毛和腺毛;顶端具叶。叶2枚,常对生或近对生,生于植株中部或中部以上,椭圆形或卵状披针形,具平行脉。花序顶生1朵花,花序梗密被短柔毛和腺毛;花梗和子房被腺毛;花白色,具淡紫红色或淡褐红色斑;中萼片卵状椭圆形,背面基部常疏被微柔毛,合萼片窄椭圆形,先端2浅裂;花瓣常近匙形或提琴形,先端近圆形;唇瓣深囊状,钵形或深碗状,囊口宽;退化雄蕊卵状椭圆形,先端微凹或近平截,上面有纵脊,背面龙骨状突起。蒴果近窄椭圆形,下垂,被微柔毛。

**物候期:**花期5—7月,果期7—9月。

**生境:**生于海拔500~4000m的林下、灌丛中或草地上。

**分布:**神农架林区。

**濒危等级:**EN。

9. 绿花杓兰 *Cypripedium henryi*(附图4-9)

**形态特征:**植株高30~60cm,具较粗短的根状茎。茎直立,被短柔毛,基部具数枚鞘,鞘上方具4~5枚叶。叶片椭圆状,先端渐尖,无毛或在背面近基部被短柔毛。花序顶生,通常具2~3朵花;花苞片叶状,卵状披针形,先端尾状渐尖,通常无毛,偶见背面脉上被疏柔毛;花梗和子房密被白色腺毛;花绿色至绿黄色;中萼片卵状披针形,先端渐尖,背面脉上和近基部处稍有短柔毛;合萼片与中萼片相似,先端2浅裂;花瓣线状披针形,先端渐尖,通常稍扭转,内表面基部和背面中脉上有短柔毛;唇瓣深囊状,椭圆形,囊底有毛,囊外无毛;退化雄蕊椭圆形或卵状椭圆形,基部具柄,背面有龙骨状突起。蒴果近椭圆,被毛。

**物候期:**花期4—5月,果期6—7月。

**生境:**生于海拔800~2800m的疏林下、林缘、灌丛坡地上湿润和腐殖质丰富地。

**分布:**神农架林区、宜昌市五峰县、恩施州。

**濒危等级:**NT。

10. 扇脉杓兰 *Cypripedium japonicum*(附图4-10)

**形态特征:**植株高8~55cm。根状茎较细长,横走;茎直立,被褐色长柔毛。叶常2枚,近对生,扇形,上部边缘钝波状,基部近楔形,具扇形辐射状脉直达边缘,两面近基部均被长柔毛。花序顶生1朵花,花序梗被褐色长柔毛;苞片两面无毛;花梗和子房密被长柔毛;花俯垂;

萼片和花瓣淡黄绿色，基部多少有紫色斑点，唇瓣淡黄绿色或淡紫白色，多少有紫红色斑纹；中萼片窄椭圆形或窄椭圆状披针形，无毛，合萼片先端2浅裂；花瓣斜披针形；唇瓣下垂，囊状，囊口略窄长，位于前方，周围有凹槽呈波浪状缺齿。蒴果近纺锤形，疏被微柔毛。

**物候期：**花期4—5月，果期6—7月。

**生境：**生于海拔1000～2000m的林下、灌木林下、林缘、溪谷旁、荫蔽山坡等湿润和腐殖质丰富地。

**分布：**鄂西地区、大别山地区。

**濒危等级：**LC。

### 11. 离萼杓兰 *Cypripedium plectrochilum*（附图4-11）

**形态特征：**植株高12～30cm。茎直立，被短柔毛。叶常3枚，椭圆形或窄椭圆状披针形，长4.5～6cm，背面脉稀有微柔毛。花序顶生，具1朵花，花序梗纤细，被短柔毛；花梗和子房密被短柔毛；萼片栗褐色或淡绿褐色；花瓣淡红褐色或栗褐色，边缘白色，唇瓣白色，带粉红色晕；中萼片卵状披针形，内外基部稍被毛，侧萼片离生，线状披针形，基部与边缘具毛；花瓣线形，唇瓣深囊状，略斜歪，囊口具短柔毛，囊底有毛；退化雄蕊宽倒卵形或方状倒卵形，花丝很短，背面有龙骨状突起。蒴果窄椭圆形，有棱，棱被短柔毛。

**物候期：**花期4—6月，果期6—8月。

**生境：**生于海拔2000～3600m的林下、林缘、灌丛中或草坡上多石之地。

**分布：**神农架林区、宜昌市五峰县。

**濒危等级：**NT。

### 12. 金线兰 *Anoectochilus roxburghii*（附图4-12）

**形态特征：**根状茎匍匐；茎具2～4枚叶。叶卵圆形或卵形，上面暗紫或黑紫色，具金红色脉网，下面淡紫红色，基部近平截或圆形；叶柄基部鞘状抱茎。花序轴淡红色，和花序梗均被柔毛，花序梗具2～3枚鞘苞片；花苞片淡红色，披针形，子房长圆柱形，不扭转，被柔毛。花白色或淡红色，不倒置，萼片背面被柔毛；中萼片卵形，凹陷呈舟状，与花瓣贴合呈兜状。花瓣质地薄，近镰刀状，唇瓣呈Y形，基部具圆锥状距，前部扩大并2裂，裂片近长圆形或近楔状长圆形。

**物候期：**花期8—9月，果期9—10月。

**生境：**生于海拔50～1600m的常绿阔叶林下或沟谷阴湿处。

**分布：**神农架林区。

**濒危等级：**EN。

### 13. 大花斑叶兰 *Goodyera biflora*（附图4-13）

**形态特征：**植株高5～15cm。根状茎长；茎具4～5叶。叶卵形或椭圆形，长2～4cm，基部圆形，上面具白色均匀网状脉纹，下面淡绿色，有时带紫红色；叶柄长1～2.5cm。苞片披针形，下面被柔毛；子房扭转，被柔毛，连花梗长5～8mm；花长筒状，白色或带粉红色；萼片线状披针形，背面被柔毛，中萼片与花瓣贴合呈兜状；花瓣白色，无毛，稍斜菱状线形，唇瓣白色，线状披针形，基部凹入呈囊状，内面具多数腺毛，前部舌状，长为囊的2倍，先端向下卷曲；花药三角状披针形。

**物候期：**花期7—8月，果期8—10月。

**生境：**生于海拔560～2200m的林下阴湿处。

**分布：**湖北省内广泛分布。

**濒危等级：**NT。

### 14. 波密斑叶兰 *Goodyera bomiensis*（附图4-14）

**形态特征：**植株高19～30cm。根状茎短。叶基生，密集呈莲座状，5～6枚，卵圆形或卵形，基部心形、圆形或平截，叶片绿色，上面具白色不均匀斑纹；叶柄极短。苞片卵状披针形；子房纺锤形，扭转，密被棕色腺状柔毛；花白色或淡黄白色，半张开，萼片白色或背面带淡褐色，中萼片窄卵形，背面近基部疏生棕色腺状柔毛，与花瓣贴合呈兜状，侧萼片窄椭圆形，背面无毛；花瓣白色，斜菱状倒披针形，先端钝，无毛，唇瓣卵状椭圆形，舟状，下部囊状，外弯，囊内无毛，在中部中脉两侧各具2～4枚乳头状突起，近基部具脊状褶片。

**物候期：**花期5—8月，果期8—9月。

**生境：**生于海拔900～3650m的山坡阔叶林至冷杉林下阴湿处。

**分布：**神农架林区。

**濒危等级：**VU。

### 15. 光萼斑叶兰 *Goodyera henryi*（附图4-15）

**形态特征：**植株高10～15cm。根状茎伸长茎状、匍匐，具节。茎直立，绿色，具4～6枚叶。叶常集生于茎的上半部，叶片偏斜的卵形至长圆形，绿色，先端急尖，基部钝或楔形，具柄。花茎无毛，花序梗极短，总状花序具3～9朵密生的花；花苞片披针形，先端渐尖，无毛；子房圆柱状纺锤形，绿色，无毛；花中等大，白色，或略带浅粉红色，半张开；萼片背面无毛，具1脉，中萼片长圆形，凹陷，先端稍钝或急尖，与花瓣贴合呈兜状；侧萼片斜卵状长圆形，凹陷，先端急尖；花瓣菱形，先端急尖，基部楔形，具1条脉，无毛；唇瓣白色，卵状舟形。

**物候期：**花期8—9月，果期9—10月。

**生境：**生于海拔400～2400m的林下阴湿处。

**分布：**神农架林区，恩施州宣恩县、鹤峰县。

**濒危等级：**VU。

### 16. 小斑叶兰 *Goodyera repens*（附图4-16）

**形态特征：**植株高10～25cm。根状茎长，匍匐；茎直立，具5～6枚叶。叶卵形或卵状椭圆形，先端尖，基部钝或宽楔形，长1～2cm，具白色斑纹，下面淡绿色；叶柄长0.5～1.0cm。苞片披针形，长约5mm；子房圆柱状纺锤形，扭转，被疏腺状柔毛，连花梗长约4mm；花白色，带绿或带粉红色，萼片背面有腺状柔毛，中萼片卵形或卵状长圆形，长3～4mm，与花瓣贴合呈兜状，侧萼片斜卵形或卵状椭圆形，长3～4mm；花瓣斜匙形，无毛，长3～4mm；唇瓣卵形，长3～3.5mm，基部凹入呈囊状，宽2～2.5mm，内面无毛，前端短舌状，略外弯。

**物候期**：花期7—8月，果期9—10月。

**生境**：生于海拔700～2600m的山坡、沟谷林下。

**分布**：湖北省内广泛分布。

**濒危等级**：LC。

17. 斑叶兰 *Goodyera schlechtendaliana*（附图4-17）

**形态特征**：植株高15～35cm。根状茎匍匐；茎直立绿色，具4～6枚叶。叶卵形或卵状披针形，上面具白色或黄白色不规则点状斑纹，下面淡绿色，基部近圆形或宽楔形。花茎高10～28cm，被长柔毛，具3～5枚鞘状苞片；花序疏生几朵至20余朵近偏向一侧的花；苞片披针形，背面被柔毛；子房扭转，被长柔毛，连花梗长0.8～1cm；花白色或带粉红色，萼片背面被柔毛，中萼片窄椭圆状披针形，舟状，与花瓣贴合呈兜状，侧萼片卵状披针形；花瓣菱状倒披针形，唇瓣卵形，基部凹入呈囊状，内面具多数腺毛，前端舌状，略下弯；花药卵形。

**物候期**：花期5—8月，果期8—9月。

**生境**：生于海拔500～2800m的山坡或沟谷阔叶林下。

**分布**：湖北省内广泛分布。

**濒危等级**：NT。

18. 歌绿斑叶兰 *Goodyera seikoomontana*（附图4-18）

**形态特征**：植株高15～18cm。根状茎伸长，茎状，匍匐，具节。茎直立，绿色，具3～5枚叶。叶片椭圆形或长圆状卵形，颇厚，绿色，叶面平坦，具3条脉，先端急尖或渐尖。花茎长8～9cm，被短柔毛，下部具2枚椭圆形，微带红褐色的鞘状苞片；总状花序具1～3朵花；花苞片披针形，先端渐尖，无毛；子房圆柱形，具少数毛，连花梗长1～1.3cm；花较大，绿色，张开，无毛；中萼片卵形，凹陷，先端急尖，具3脉，与花瓣贴合呈兜状；侧萼片向后伸张，椭圆形，先端急尖，具3脉；花瓣偏斜的菱形，先端钝，基部渐狭，具1脉；唇瓣卵形，基部凹陷呈囊状。

**物候期**：花期7—8月，果期9月。

**生境**：生于海拔700～1300m的林下。

**分布**：咸宁市通山县。

**濒危等级**：VU。

19. 绒叶斑叶兰 *Goodyera velutina*（附图4-19）

**形态特征**：植株高8～16cm。根状茎长；茎暗红褐色，具3～5枚叶。叶卵形或椭圆形，基部圆，上面深绿色或暗紫绿色，天鹅绒状，沿中脉具白色带，下面紫红色；叶柄长1～1.5cm。

苞片披针形,红褐色;子房圆柱形,扭转,绿褐色,被柔毛,连花梗长0.8~1.1cm;花萼片微张开,淡红褐色或白色,凹入,背面被柔毛,中萼片长圆形,与花瓣贴合呈兜状,侧萼片斜卵状椭圆形或长椭圆形,先端钝;花瓣斜长圆状菱形,无毛,基部渐窄,上半部具红褐色斑,唇瓣基部囊状,内面有多数腺毛,前部舌状,舟形,先端下弯;花药卵状心形,先端渐尖。

**物候期:**花期8—10月,果期10—11月。

**生境:**生于海拔700~3000m的林下阴湿处。

**分布:**神农架林区,恩施州宣恩县、巴东县、利川市、咸丰县。

**濒危等级:**LC。

20. 西南齿唇兰 *Odontochilus elwesii*(附图4-20)

**形态特征:**植株高15~25cm。根状茎伸长,匍匐,肉质,具节,节上生根;茎无毛,具6~7枚叶。叶卵形或卵状披针形,上面暗紫色或深绿色,有时具3条带红色的脉,背面淡红色或淡绿色。总状花序具2~4朵较疏生的花,花序轴和花序梗被短柔毛;萼片绿色或为白色,先端和中部带紫红色,背面被短柔毛;中萼片卵形,凹陷呈舟状,侧萼片稍张开,偏斜的卵形;花瓣白色,斜半卵形,镰状;唇瓣白色,向前伸展,呈Y形,无毛,基部稍扩大并凹陷呈球形的囊;蕊柱粗短,前面两侧各具1枚近长圆形的片状附属物;蕊喙小,直立,叉状2裂。

**物候期:**花期7—8月,果期9—10月。

**生境:**生于海拔300~1500m的山坡或沟谷常绿阔叶林下阴湿处。

**分布:**恩施州宣恩县、鹤峰县。

**濒危等级:**LC。

21. 旗唇兰 *Odontochilus yakushimensis*(附图4-21)

**形态特征:**植株高8~13cm。茎直立,绿色,无毛。叶卵形,肉质,基部圆;叶柄长5~7mm,基部鞘状抱茎。花茎顶生,常带紫红色,具白色柔毛,中部以下具1~2枚粉红色的鞘状苞片;总状花序带粉红色,具3~7朵花,被疏柔毛;花苞片粉红色,宽披针形,先端渐尖,边缘具睫毛,背面疏生柔毛;子房圆柱状纺锤形,扭转,近顶部略微弯曲,被疏柔毛;萼片粉红色,背面基部被疏柔毛,中萼片长圆状卵形,凹陷,直立,先端钝,具1脉;侧萼片斜镰状长圆形,直立伸展,先端钝,花瓣白色,具紫红色斑块,唇瓣白色,T形,基部具囊状距。

**物候期:**花期8—9月,果期9—10月。

**生境:**生于海拔450~1600m的林中树上、苔藓丛中或林下或沟边岩壁石缝中。

**分布:**恩施州宣恩县。

**濒危等级:**VU。

22. 贵州菱兰 *Rhomboda fanjingensis*(附图4-22)

**形态特征:**根状茎匍匐,肉质。茎直立,具3~6枚叶。叶片卵状椭圆形,绿色或灰绿色,中脉具1条白色的条纹,基部收狭成管状的鞘,具柄。总状花序疏生6~18朵花;花苞片卵形，红棕色；花倒置，萼片和花瓣均为红色，萼片宽卵形，先端锐尖，背面疏被柔毛；花瓣为宽的半卵形，外侧远宽于其内侧，先端骤狭成细尖头且弯曲，无毛；唇瓣白色，T形，前部明显扩大并2裂，其裂片近倒卵形，180°叉开，中部收狭成短爪，后唇囊状，红棕色。

**物候期：**花期8—9月，果期9—10月。

**生境：**生于海拔450～2200m的山坡或沟谷密林下阴处。

**分布：**宜昌市五峰县。

**濒危等级：**VU。

## 23. 绶草 *Spiranthes sinensis*（附图4-23）

**形态特征：**植株高13～30cm；根指状，肉质，簇生于茎基部。茎近基部生2～5枚叶。叶宽线形或宽线状披针形，稀窄长圆形，直伸，基部具柄状鞘抱茎。花茎高达25cm，上部被腺状柔毛或无毛；花序密生多花，螺旋状扭转；苞片卵状披针形；子房纺锤形，扭转，被腺状柔毛或无毛；花紫红色、粉红色或白色，在花序轴螺旋状排生；萼片下部贴合，中萼片窄长圆形，舟状，与花瓣贴合兜状，侧萼片斜披针形；花瓣斜菱状长圆形，与中萼片等长，较薄；唇瓣宽长圆形，凹入，前半部上面具长硬毛，边缘具皱波状啮齿，唇瓣基部浅囊状，囊内具2胼胝体。

**物候期：**花期6—8月，果期8—9月。

**生境：**生于海拔200～2500m的山坡林下、灌丛下草地或河滩沼泽草甸中。

**分布：**湖北省内广泛分布。

**濒危等级：**LC。

## 24. 西南手参 *Gymnadenia orchidis*（附图4-24）

**形态特征：**植株高17～35cm。块茎卵状椭圆形；茎具3～5枚叶，其上具1至数枚小叶。叶椭圆形或椭圆状披针形；花序密生多花；苞片披针形；花紫红或粉红，稀带白色；中萼片卵形，侧萼片反折，斜卵形，较中萼片稍宽长，边缘外卷，花瓣直立，斜宽卵状三角形，与中萼片等长、较宽，较侧萼片稍窄，具波状齿，与中萼片贴合；唇瓣前伸，宽倒卵形，3裂，中裂片较侧裂片稍大或等大，角形；距圆筒状，下垂，稍前弯，向末端略增粗或稍渐窄，长于子房或近等长。

**物候期：**花期7—9月，果期9—10月。

**生境：**生于海拔2400～2900m的山坡林下、灌丛下和高山草地中。

**分布：**神农架林区。

**濒危等级：**VU。

## 25. 扇唇舌喙兰 *Hemipilia flabellata*（附图4-25）

**形态特征：**植株高20～28cm；块茎窄椭圆状。叶心形或宽卵形，上面绿色具紫色斑点，下面紫色，基部心形或近圆；花序具3～15朵花；苞片披针形；花梗和子房长1.5～1.8cm；花紫红色或近白色；中萼片长圆形或窄卵形，侧萼片斜卵形或镰状长圆形，较中萼片稍长；花瓣宽卵形，先端近尖，唇瓣扇形、圆形或扁圆形，具不整齐细齿，先端平截或圆形，有时微缺，爪长约2mm，基部近距口具2胼胝体，距圆锥状圆柱形，向末端渐窄，直或稍弯，末端钝或2裂。蒴果圆柱形。

**物候期：**花期6—8月，果期9—10月。

**生境：**生于海拔600～2100m的林下、林缘或石灰岩石缝中。

**分布：**神农架林区，襄阳市南漳县、保康县。

**濒危等级：**VU。

26. 裂唇舌喙兰 *Hemipilia henryi*（附图4-26）

**形态特征：**植株高20～32cm；块茎椭圆状。叶卵形，先端尖或具短尖，基部心形或近圆形，抱茎。花序具3～9朵花；苞片披针形；花梗和子房长2～2.4cm；花紫红色，较大；中萼片卵状椭圆形，侧萼片较中萼片长，近宽卵形，斜歪，上面被细小乳突；花瓣斜菱状卵形，上面具不明显乳突，唇瓣宽倒卵状楔形，3裂，上面被细小乳突，基部近距口具2胼胝体，侧裂片三角形或近长圆形，先端钝或具不整齐细齿，中裂片近方形，先端2裂，具细尖，距窄圆锥形，基部较宽，向末端渐窄，稍弯或几不弯，末端有时钩状。

**物候期：**花期7—8月，果期9—10月。

**生境：**生于海拔800～900m的多岩石的地方。

**分布：**神农架林区、十堰市房县、襄阳市南漳县。

**濒危等级：**EN。

27. 竹溪舌喙兰 *Hemipilia zhuxiense*（附图4-27）

**形态特征：**陆生直立草本。块茎椭圆形，颈部少根。茎细长，绿色带有紫色斑点，基部具1枚筒状膜质鞘。叶单生，卵状椭圆形，先端稍急尖，基部心形或收缩成抱茎的鞘，正面绿色带有紫色斑纹，很少为均匀绿色，背面淡绿色。花序顶生；花苞片披针形。花白色至粉红色，没有香味；花梗和子房直形或稍弓形；中萼片卵状椭圆形，侧生萼片宽卵形，白色至淡粉红色；花瓣倾斜卵形；唇瓣舌状倒卵形，浅囊状，正面紫粉色，背面淡粉色，边缘有时不规则浅裂，先端钝；中间具龙骨状突起，突起处呈白色；距短，漏斗状，稍向下弯曲，圆锥形，逐渐变窄，先端有时呈钩状；蕊喙舌状，紫色，先端钝圆。

**物候期：**花期6—8月，果期9—10月。

**生境：**生于海拔500～1500m的林下或岩壁上。

**分布：**十堰市竹溪县十八里长峡国家级自然保护区。

**濒危等级：**NE。

28. 一掌参 *Peristylus forceps*（附图4-28）

**形态特征：**块茎卵圆形或长圆形；茎被柔毛，下部疏生3～5枚叶。叶窄椭圆状披针形或近披针形，基部鞘状抱茎。花序具多花；苞片披针形，先端尾状；子房微被柔毛；花绿色；

中萼片卵形，近直立，侧萼片长圆形，张开，与中萼片等长；花瓣斜卵状披针形，上部肉质，和萼片近等长，唇瓣舌状披针形；或有时上部骤窄，较中萼片稍长，肉质，两侧边缘内弯呈槽状，前部较浅，距倒卵球形，末端钝；蕊柱粗短；药室近并行，下部几不延长成沟；花粉团倒卵形，具短的花粉团柄和粘盘；粘盘小，圆盘形，裸露；蕊喙小，基部两侧具短的臂；柱头2个，隆起，近棒状，从蕊喙穴下沿两侧向外伸出；退化雄蕊较大，椭圆形。

**物候期：**花期6—8月，果期8—10月。

**生境：**生于海拔1200～3100m的山坡草地、山脚沟边或山坡栎树林下。

**分布：**神农架林区。

**濒危等级：**LC。

29. 叉唇角盘兰 *Herminium lanceum*（附图4-29）

**形态特征：**植株高10～83cm。块茎圆球形或椭圆形，肉质；茎直立，常细长，无毛，基部具2枚筒状鞘，中部具3～4枚疏生的叶。叶互生，叶片线状披针形，先端急尖或渐尖，抱茎。总状花序具多数密生的花；花苞片小，披针形，直立伸展，先端急尖，短于子房；子房圆柱形，扭转，无毛；花小，黄绿色或绿色；中萼片卵状长圆形或长圆形，直立，凹陷呈舟状，先端钝，具1条脉；侧萼片张开，长圆形或卵状长圆形，先端稍钝或急尖，具1脉；花瓣直立，线形，较萼片狭很多，与中萼片相靠，先端钝或近急尖，具1脉；唇瓣轮廓为长圆形，常下垂，基部扩大，无距。

**物候期：**花期6—8月，果期9—10月。

**生境：**生于海拔730～3100m的山坡杂木林至针叶林下、竹林下、灌丛下或草地中。

**分布：**神农架林区、恩施州利川市、十堰市竹山县。

**濒危等级：**LC。

30. 凹舌掌裂兰 *Dactylorhiza viridis*（附图4-30）

**形态特征：**植株高14～45cm。块茎肉质，前部呈掌状分裂；茎直立。叶片狭倒卵状长圆形、椭圆形或椭圆状披针形。总状花序具多数花；花苞片线形或狭披针形，常明显较花长；子房纺锤形扭转；花绿黄色或绿棕色；萼片基部常稍合生，中萼片凹陷呈舟状，卵状椭圆形，先端钝，具3脉；侧萼片偏斜，卵状椭圆形，先端钝，具4～5条脉；花瓣直立，线状披针形，较中萼片稍短，具1脉，与中萼片贴合呈兜状唇瓣下垂，肉质，倒披针形，较萼片长，上面在近部的中央有1条短的纵褶片，前部3裂，侧裂片较中裂片长，中裂片小；距卵球形。蒴果椭圆形。

**物候期：**花期5—7月，果期8—9月。

**生境：**生于海拔1200～3000m的山坡林下、灌丛下或山谷林缘湿地。

**分布：**神农架林区。

**濒危等级：**LC。

### 31. 毛葶玉凤花 *Habenaria ciliolaris*（附图4-31）

**形态特征**：植株高25～60cm。块茎长椭圆形或长圆形；茎粗，直立，圆柱形，近中部具5～6枚叶，向上有5～10枚疏生的苞片状小叶。叶片椭圆状披针形、倒卵状匙形或长椭圆形，基部抱茎。花序具6～15朵花，花葶具棱，棱具长柔毛；苞片卵形，具缘毛；子房具棱，棱有细齿；花白色或绿白色，中萼片宽卵形，兜状，背面具3条片状具细齿或近全缘的龙骨状突起，侧萼片反折，极斜卵形，前部边缘臌出，宽圆形，具3～4条弯脉；花瓣直立，斜披针形，外侧厚，与中萼片贴合呈兜状；唇瓣较萼片长，基部3深裂，裂片丝状，并行，向上弯曲；距圆筒状棒形。

**物候期**：花期7—9月，果期9—10月。

**生境**：生于海拔140～1800m的山坡或沟边林下阴处。

**分布**：神农架林区，恩施州宣恩县、鹤峰县、巴东县，宜昌市五峰县、长阳县。

**濒危等级**：LC。

### 32. 裂瓣玉凤花 *Habenaria petelotii*（附图4-32）

**形态特征**：植株高达60cm。块茎长圆形。叶椭圆形或椭圆状披针形。花序疏生3～12朵花，花茎无毛；苞片窄披针形；子房圆柱状纺锤形，稍弧曲，无毛，连花梗长1.5～3cm；花淡绿色或白色；中萼片卵形，兜状，长1～1.2cm，侧萼片极张开，长圆状卵形，长1.1～1.3cm；花瓣2深裂至基部，裂片线形，宽1.5～2mm，叉开，具缘毛，上裂片直立，与中萼片并行，下裂片与唇瓣的侧裂片并行，唇瓣3深裂近基部，裂片线形，近等长，具缘毛；距圆筒状棒形，下垂，稍前弯。

**物候期**：花期7—9月，果期9—10月。

**生境**：生于海拔320～1600m的山坡或沟谷林下。

**分布**：神农架林区、宜昌市五峰县。

**濒危等级**：DD。

### 33. 小花阔蕊兰 *Peristylus forceps*（附图4-33）

**形态特征**：块茎长圆形或长椭圆形；茎无毛，中部具4～5枚叶，其上具1至数枚披针形小叶。叶椭圆形或椭圆状披针形，基部鞘状抱茎。花序具10～20朵花；苞片卵状披针形，子房无毛；花白色，片近长圆形，稍凹入，中萼片直立，侧萼片张开；花瓣斜卵形，直立，稍肉质，唇瓣前伸，近长圆形，3浅裂，裂片近长圆状三角形，唇瓣后半部凹入，具球状距，距口前方唇盘上具多数乳头状突起；蕊柱粗短，直立；药室并行，不延长成沟；花粉团具短的花粉团柄和粘盘；粘盘小，近椭圆形，裸露，贴生于蕊喙的短臂上；蕊喙小，两侧稍延长成短臂。

**物候期**：花期6—8月，果期9—10月。

**生境**：生于海拔450～1800m的山坡常绿阔叶林下或草地、沟谷或路旁灌木丛下。

**分布**：恩施州宣恩县。

**濒危等级**：LC。

34. 对耳舌唇兰 *Platanthera finetiana*（附图 4-34）

**形态特征：**植株高 30～60cm。根状茎匍匐，肉质，指状，圆柱形；茎直立，粗壮。叶疏生，直立伸展，上部的叶变小成苞片状，下部的叶片长圆形、椭圆形或椭圆状披针形，基部成抱茎的鞘。总状花序具 8～26 朵花，稍密集；花苞片披针形；子房圆柱形，扭转，稍弧曲，无毛；花较大，淡黄绿色或白绿色；萼片先端钝，具 3 条脉，边缘全缘；花瓣直立，斜舌状，具 1 条脉，与中萼片贴合呈兜状；唇瓣向前伸展，线形；距下垂，细圆筒形，基部稍宽，末端稍钩状弯曲；药室平行；花粉团倒卵形，具细而较长的柄和线状椭圆形的大粘盘；退化雄蕊显著；蕊喙矮，宽三角形，直立；柱头 1 个，凹陷，椭圆形，位于蕊喙之下。

**物候期：**花期 7—8 月，果期 9—10 月。

**生境：**生于海拔 1200～300m 的山坡林下或沟谷中。

**分布：**神农架林区、宜昌市五峰县。

**濒危等级：**VU。

35. 舌唇兰 *Platanthera mandarinorum*（附图 4-35）

**形态特征：**植株高 35～70cm。根状茎指状，肉质、近平展；茎粗壮，具 4～6 枚叶。下部叶椭圆形或长椭圆形，基部鞘状抱茎，上部叶披针形。花序长 10～18cm，具 10～28 朵花；苞片窄披针形；子房连花梗长 2～2.5cm；花白色；中萼片舟状，卵形，侧萼片反折，斜卵形；花瓣直立，线形，与中萼片贴合呈兜状；唇瓣线形，肉质，先端钝；距下垂，细圆筒状至丝状，弧曲，较子房长；退化雄蕊显著；蕊喙矮，宽三角形，直立；柱头 1 个，凹陷，位于蕊喙之下穴内。

**物候期：**花期 4—6 月，果期 7—8 月。

**生境：**生于海拔 600～2600m 的山坡林下或草地。

**分布：**湖北省内广泛分布。

**濒危等级：**LC。

36. 小舌唇兰 *Platanthera minor*（附图 4-36）

**形态特征：**植株高 20～60cm。块茎椭圆形；茎下部具 1～2(3) 枚大叶，上部具 2～5 枚披针形或线状披针形小叶。叶互生，大叶椭圆形、卵状椭圆形或长圆状披针形，基部鞘状抱茎。花序疏生多花；苞片卵状披针形；子房连花梗长 1～1.5cm；花黄绿色；中萼片直立，舟状，宽卵形，侧萼片反折，稍斜椭圆形；花瓣直立，斜卵形，基部前侧扩大，与中萼片贴合呈兜状；唇瓣舌状，肉质，下垂；距细圆筒状，下垂，稍向前弧曲，粘盘圆形；柱头 1 个，凹陷；花粉团倒卵形，具细长的柄和圆形的粘盘；退化雄蕊显著；蕊喙矮而宽；柱头 1 个，大，凹陷，位于蕊喙之下。

**物候期：**花期 5—7 月，果期 7—9 月。

**生境：**生于海拔 250～2200m 的山坡林下或草地。

**分布：**宜昌市五峰县、恩施州巴东县。

**濒危等级:**LC。

37. 东亚舌唇兰 *Platanthera ussuriensis*(附图4-37)

**形态特征:**植株高20～55cm。根状茎指状,弓曲;茎下部具2～3枚大叶,其上具1至数枚小叶。大叶匙形或窄长圆形。花序疏生10～20朵花;苞片窄披针形,花淡黄绿色,中萼片舟状,宽卵形,侧萼片斜窄椭圆形,较中萼片略窄长;花瓣直立,窄长圆状披针形,与中萼片贴合,稍肉质;先端钝或近平截唇瓣前伸,稍下弯,舌状披针形,肉质;基部两侧具近半圆形侧裂片;中裂片舌状披针形或舌状,距细圆筒状。

**物候期:**花期7—8月,果期9—10月。

**生境:**生于海拔400～2800m的山坡林下、林缘或沟边。

**分布:**神农架林区。

**濒危等级:**NT。

38. 广布小红门兰 *Ponerorchis chusua*(附图4-38)

**形态特征:**植株高5～45cm。块茎长圆形或圆球形,肉质,不裂;茎直立,圆柱状,纤细或粗壮,基部具1～3枚筒状鞘。叶片长圆状披针形、披针形或线状披针形至线形,上面无紫色斑点,基部收狭成抱茎的鞘。花序具1～20朵花,多偏向一侧;花苞片披针形或卵状披针形,基部稍收狭;子房圆柱形,扭转,无毛;花紫红色或粉红色;中萼片长圆形或卵状长圆形,直立,凹陷呈舟状,先端稍钝或急尖;具3条脉,与花瓣贴合呈兜状;侧萼片向后反折,偏斜,卵状披针形,花瓣直立,斜狭卵形、宽卵形,唇瓣边缘无睫毛,3裂。

**物候期:**花期6—8月,果期9—10月。

**生境:**生于海拔500～3000m的山坡林下、灌丛下高山灌草丛或高山草甸中。

**分布:**神农架林区。

**濒危等级:**LC。

39. 无柱兰 *Ponerorchis gracile*(附图4-39)

**形态特征:**植株高7～30cm。块茎卵形或长圆状椭圆形;茎近基部具1枚叶,其上具1～2枚小叶。叶窄长圆形、椭圆状长圆形或卵状披针形。花序具5～20朵偏向一侧的花;苞片卵状披针形或卵形子房扭转,连花梗长0.7～1cm;花粉红色或紫红色;中萼片卵形,侧萼片斜卵形或倒卵形;花瓣斜椭圆形或斜卵形;唇瓣较萼片和花瓣大,倒卵形,基部楔形,具距;中部以上3裂,侧裂片镰状线形、长圆形或三角形,先端钝或平截;中裂片倒卵状楔形,先端平截、圆形、圆而具短尖或凹缺;距圆筒状,几直伸,下垂。

**物候期:**花期6—8月,果期8—10月。

**生境:**生于海拔180～3000m的山坡沟谷边、林下阴湿处覆有土的岩石上或山坡灌丛下。

**分布:**神农架林区,宜昌市五峰县,恩施州宣恩县、咸丰县,襄阳市谷城县,大别山区。

**濒危等级:**LC。

40. 雅长无叶兰 *Aphyllorchis yachangensi*（附图4-40）

**形态特征：**腐生。茎黄绿色，通常有许多深紫色条纹和斑点，最上面的鞘披针形；其他鞘管状。总状花序顶生；花黄绿色，通常具许多深紫色的条纹和斑点；苞片披针形，黄绿色，通常背面有许多深紫色条纹和斑点，疏生腺被微柔毛；萼片黄绿色，通常背面具许多深紫色的条纹和斑点，疏生腺被微柔毛；中萼片披针形，先端锐尖，反折；侧萼片披针形，基部稍斜，先端锐尖，反折；花瓣披针形，黄绿色，基部浅紫色至深紫色，先端锐尖。

**物候期：**花期6—7月，果期7—9月。

**生境：**生于海拔1400～1860m的亚热带常绿落叶阔叶混交林。

**分布：**恩施州宣恩县七姊妹山国家级自然保护区。

**濒危等级：**EN。

41. 银兰 *Cephalanthera erecta*（附图4-41）

**形态特征：**地生草本。茎纤细，直立，下部具2～4枚鞘，中部以上具2～4(5)枚叶。叶片椭圆形至卵状披针形，先端急尖或渐尖，基部收狭并抱茎。总状花序；花序轴有棱；花苞片通常较小，狭三角形至披针形，但最下面1枚常为叶状；花白色；萼片长圆状椭圆形，先端急尖或钝，具5条脉；花瓣与萼片相似，但稍短；唇瓣3裂，基部有距；侧裂片卵状三角形或披针形；中裂片近心形或宽卵形，上面有3条纵褶片；距圆锥形，末端稍锐尖，伸出侧萼片基部之外。

**物候期：**花期4—5月，果期6—7月。

**生境：**生于海拔850～2300m的林下、灌丛中或沟边土层厚且有一定阳光处。

**分布：**湖北省内广泛分布。

**濒危等级：**LC。

42. 金兰 *Cephalanthera falcata*（附图4-42）

**形态特征：**地生草本。茎直立。叶4～7枚，椭圆形、椭圆状披针形或卵状披针形，先端渐尖或钝。总状花序5～10朵花；花苞片很小，最下面的1枚非叶状，长度不超过花梗和子房；花黄色，直立，稍微张开；萼片菱状椭圆形，先端钝或急尖，具5条脉；花瓣与萼片相似，但较短；唇瓣3裂，基部有距；侧裂片三角形，多少围抱蕊柱；中裂片近扁圆形，上面具5～7条纵褶片，中央的3条较高(0.5～1mm)，近顶端处密生乳突；距圆锥形，明显伸出侧萼片基部之外，先端钝。

**物候期：**花期4—5月，果期5—7月。

**生境：**生于海拔700～1600m的林下、灌丛中、草地上或沟谷旁。

**分布：**湖北省内广泛分布。

**濒危等级：**LC。

43. 头蕊兰 *Cephalanthera longifolia*（附图4-43）

**形态特征：**地生草本。茎直立，下部具3～5枚排列疏松的鞘。叶4～7枚；叶片披针形、宽披针形或长圆状披针形，先端长渐尖或渐尖。总状花序具2～13朵花；花苞片线状披针形至狭三角形，但最下面1～2枚叶状；花白色，稍开放或不开放；萼片狭椭圆状披针形，先端渐尖或近急尖，具5条脉；花瓣近倒卵形，先端急尖或具短尖；唇瓣3裂，基部具囊；侧裂片近卵状三角形；中裂片三角状心形，上面具3～4条纵褶片，近顶端处密生乳突；唇瓣基部的囊短而钝。

**物候期**：花期5—6月，果期6—7月。

**生境**：生于海拔100～3300m的林下、灌丛中、沟边或草丛中。

**分布**：神农架林区。

**濒危等级**：LC。

### 44. 火烧兰 *Epipactis helleborine*（附图4-44）

**形态特征**：植株高20～70cm。根状茎粗短；茎上部被短柔毛，下部无毛，具2～3枚鳞片状鞘。叶4～7枚，互生；叶片卵圆形、卵形至椭圆状披针形，罕有披针形，先端通常渐尖至长渐尖；向上叶逐渐变窄而成披针形或线状披针形。总状花序具3～40朵花；花苞片叶状，线状披针形；花梗和子房具黄褐色绒毛；花绿色或淡紫色，下垂，较小；中萼片卵状披针形，较少椭圆形，舟状，先端渐尖；侧萼片斜卵状披针形，先端渐尖；花瓣椭圆形，先端急尖或钝；唇瓣中部明显缢缩；下唇兜状；上唇近三角形或近扁圆形，先端锐尖。蒴果倒卵状椭圆形，具极疏的短柔毛。

**物候期**：花期6—7月，果期7—8月。

**生境**：生于海拔250～3600m的山坡林下、草丛或沟边。

**分布**：恩施州宣恩县、巴东县，神农架林区。

**濒危等级**：LC。

### 45. 大叶火烧兰 *Epipactis mairei* var. *mairei*（附图4-45）

**形态特征**：植株高30～70cm。根多条细长；根状茎粗短。叶5～8枚，卵圆形、卵形或椭圆形，基部抱茎。苞片椭圆状披针形，下部的苞片等于或稍长于花；子房和花梗被黄褐或锈色柔毛；花黄绿色带紫色、紫褐色或黄褐色，下垂；中萼片椭圆形或倒卵状椭圆形，舟形，侧萼片斜卵状披针形或斜卵形；花瓣长椭圆形或椭圆形，唇瓣中部稍缢缩成上下唇，下唇长6～9mm，两侧裂片近直立；上唇肥厚，卵状椭圆形、长椭圆形或椭圆形，先端急尖。蒴果椭圆状，无毛。

**物候期**：花期6—7月，果期7—8月。

**生境**：生于海拔1200～3100m的山坡灌丛中、草丛中、河滩阶地或冲积扇等地。

**分布**：广泛分布于鄂西山地。

**濒危等级**：NT。

### 46. 尖唇鸟巢兰 *Neottia grandiflora* var. *grandiflora*（附图4-46）

**形态特征**：腐生草本。茎直立，无毛，中部以下具3～5枚鞘，无绿叶；鞘膜质，长1～

5cm，抱茎。花序长4～8cm，常具20余朵花；苞片长圆状卵形；花梗长3～4mm；子房椭圆形，长2.5～3mm；花黄褐色，常3～4朵呈轮生状；中萼片窄披针形，侧萼片与中萼片相似，宽达1mm；花瓣窄披针形，唇瓣常卵形或披针形，不裂，边缘稍内弯；蕊柱长不及0.5mm，短于花药或蕊喙；花药直立，近椭圆形，长约1mm；柱头横长圆形，直立，两侧内弯，包蕊喙，2个柱头面位于内弯边缘内侧；蕊喙舌状，直立，长达1mm。蒴果椭圆形。

**物候期：**花期6—8月，果期8—9月。

**生境：**生于海拔1500～3100m的林下或荫蔽草坡上。

**分布：**神农架林区。

**濒危等级：**LC。

### 47. 日本对叶兰 *Neottia japonica*（附图4-47）

**形态特征：**植株高约16cm。茎细长，有棱，近中部处具2枚对生叶，叶以上部分具短柔毛。叶片卵状三角形，先端锐尖，基部近圆形或截形。总状花序顶生，具3～6朵花；花苞片很小，宽卵形锐尖；花梗细长，具细毛；花紫绿色；中萼片长椭圆形至椭圆形，先端急尖或钝；侧萼片斜卵形至卵状长椭圆形，与中萼片近等长，先端钝；花瓣长椭圆状线形，与中萼片近等长或略短，先端钝；唇瓣楔形，先端二叉裂，基部具1对长的耳状小裂片；耳状小裂片环绕蕊柱并在蕊柱后侧相互交叉；裂片先端叉开，线形，先端钝，两裂片间具一短三角状齿突；蕊柱甚短。

**物候期：**花期4—5月，果期5—7月。

**生境：**生于海拔1400m左右的山地峡谷地带。

**分布：**鄂西山地及大别山地区。

**濒危等级：**VU。

### 48. 天麻 *Gastrodia elata* f. *flavida*（附图4-48）

**形态特征：**植株高1m以上。根状茎卵状长椭圆形，单个最大重量达500g，含水率在80%左右；茎淡黄色，幼时淡黄绿色。花序长30～50cm，具30～50朵花；花梗和子房橙黄色或黄白色，近直立；花淡黄色；花被筒近斜卵状圆锥形，顶端具5裂片，两枚侧萼片合生处的裂口深达5mm，筒基部向前凸出，外轮裂片（萼片离生部分）卵状角形，内轮裂片（花瓣离生部分）近长圆形，唇瓣长圆状卵形，3裂，基部贴生，蕊柱足末端与花被筒内壁有1对肉质胼胝体，上部离生，上面具乳突，边缘有不规则短流苏；蕊柱足短。蒴果倒卵状椭圆形。

**物候期：**花期4—6月，果期7—8月。

**生境：**常生于疏林林缘。

**分布：**湖北省内广泛分布。

**濒危等级：**VU。

### 49. 黄花白及 *Bletilla ochracea*（附图4-49）

**形态特征：**植株高25～55cm。假鳞茎扁斜卵形；茎常具4枚叶。叶长圆状披针形。花序具3～8朵花，通常不分枝或极罕分枝；花苞片长圆状披针形。先端急尖，开花时凋落；花中等大，黄色或萼片和花瓣外侧黄绿色，内面黄白色，罕近白色；萼片和花瓣近等长，长圆形，先端钝或稍尖，背面常具细紫点；唇瓣椭圆形，白色或淡黄色，在中部以上3裂；侧裂片直立，斜的长圆形，围抱蕊柱，先端钝，几不伸至中裂片旁；中裂片近正方形，边缘微波状，先端微凹。

**物候期：**花期6—7月，果期8—9月。

**生境：**生于海拔300～2350m的常绿阔叶林、针叶林或灌丛下，以及草丛中或沟边。

**分布：**分布于鄂西地区。

**濒危等级：**EN。

### 50. 白及 *Bletilla striata*（附图4-50）

**形态特征：**植株高18～60cm。假鳞茎扁球形，上面具荸荠似的环带；茎粗壮。叶4～6枚，狭长圆形或披针形。花序具3～10朵花；苞片长圆状披针形；花紫红或淡红色；萼片和花瓣近等长，窄长圆形；花瓣较萼片稍宽，唇瓣倒卵状椭圆形，白色带紫红色，唇盘具5条纵褶片，从基部伸至中裂片近顶部，在中裂片波状，在中部以上3裂，侧裂片直立，合抱蕊柱，先端稍钝，伸达中裂片1/3，中裂片倒卵形或近四方形，先端凹缺，具波状齿。

**物候期：**花期4—5月，果期6—8月。

**生境：**生于海拔100～2500m的常绿阔叶林、松树林或针叶林下，以及路边草丛或岩石缝中。

**分布：**广泛分布于鄂西地区。

**濒危等级：**EN。

### 51. 瘦房兰 *Ischnogyne mandarinorum*（附图4-51）

**形态特征：**假鳞茎近圆柱形，上部稍变细，上部1/3弯曲成钩状，有许多纵皱纹。叶近直立，狭椭圆形，薄革质，先端钝或急尖。花葶（连花）长5～7cm，顶端具1朵花，花苞片膜质，卵形；花梗和子房长1～2cm；花白色，较大；萼片线状披针形：花瓣与萼片相似，但稍短；唇瓣长约3cm，向基部渐狭，顶端3裂而略似肩状；侧裂片小；中裂片近方形，先端截形而略有凹缺和细尖，基部有2个紫色小斑块；唇瓣基部的距长约3mm；蕊柱长约2.5cm，下部的翅宽不到0.5mm，上部的翅一侧宽可达2.5mm。蒴果椭圆形。

**物候期：**花期5—6月，果期7—8月。

**生境：**生于海拔700～1500m的林下或沟谷旁的岩石上。

**分布：**神农架林区。

**濒危等级：**DD。

### 52. 云南石仙桃 *Pholidota yunnanensis*（附图4-52）

**形态特征：**根状茎匍匐、分枝，密被箨状鞘；假鳞茎近圆柱状，向顶端略收狭，幼嫩时为箨状鞘所包，顶端生2枚叶。叶披针形，坚纸质，具折扇状脉，具短柄。花葶生于幼嫩假鳞茎顶端，连同幼叶从靠近老假鳞茎基部的根状茎上发出；总状花序具15～20朵花；花序轴有时在近基部处略左右曲折；花苞片在花期逐渐脱落，卵状菱形；花白色或浅肉色；中萼片宽卵状椭圆形或卵状长圆形；侧萼片宽卵状披针形，凹陷成舟状；唇瓣轮廓为长圆状倒卵形，略长于萼片，先端近截形或钝并常有不明显的凹缺；蕊喙宽舌状。蒴果倒卵状椭圆形，有3棱。

**物候期：**花期5月，果期9—10月。

**生境：**生于海拔1200～1700m的林中或山谷旁的树上、岩石上。

**分布：**广泛分布于鄂西山区。

**濒危等级：**NT。

53. 独蒜兰 *Pleione bulbocodioides*（附图4-53）

**形态特征：**半附生草本。假鳞茎卵形或卵状圆锥形，上端有颈，顶端1枚叶。叶窄椭圆状披针形或近倒披针形，纸质；叶柄长2～6.5cm。花葶生于无叶假鳞茎基部，下部包在圆筒状鞘内，顶端具1～2朵花；苞片长于花梗和子房；花粉红色至淡紫色，唇瓣有深色斑；中萼片近倒披针形，侧萼片与中萼片等长；花瓣倒披针形，稍斜歪，唇瓣倒卵形，3微裂，基部楔形稍贴生蕊柱。蒴果近长圆形。

**物候期：**花期4—6月，果期6—8月。

**生境：**生于海拔900～2900m的常绿阔叶林下、灌木林缘腐殖质丰富的土壤上或苔藓覆盖的岩石上。

**分布：**湖北省内常见。

**濒危等级：**LC。

54. 美丽独蒜兰 *Pleione pleionoides*（附图4-54）

**形态特征：**地生或半附生草本。假鳞茎圆锥形，表面粗糙，顶端具1枚叶。叶在花期尚幼嫩，长成后椭圆状披针形，纸质。花葶从无叶的老假鳞茎基部发出，直立，顶端具1朵花，稀为2朵花；花苞片线状披针形，长于花梗和子房；花玫瑰紫色，唇瓣上具黄色褶片；中萼片狭椭圆形，先端急尖；侧萼片亦狭椭圆形，略斜歪，稍宽于中萼片，先端急尖；花瓣倒披针形，多少镰刀状，先端急尖；唇瓣近菱形至倒卵形，极不明显的3裂，前部边缘具细齿，上面具2条或4条褶片；褶片具细齿；蕊柱长3.5～45cm。

**物候期：**花期5—6月，果期7—8月。

**生境：**生于海拔1750～2250m的林下腐殖质丰富地或苔藓覆盖的岩石上、岩壁上。

**分布：**恩施州鹤峰县、宣恩县。

**濒危等级：**VU。

55. 短葶卷瓣兰 *Bulbophyllum brevipedunculatum*（附图4-55）

**形态特征：**全体无毛；假鳞茎卵球形，在根状茎上分离着生，顶生1枚叶。叶片硬革质，长圆形,先端圆钝且微凹。花葶从假鳞茎基部抽出,光滑细长,远长于叶片;伞房状花序具4~5朵花;花橙色;中萼片卵状披针形,边缘密生腺毛,先端渐尖,具3条脉,2枚侧萼片中上部内卷成筒状并靠拢,直伸或稍弯曲,全缘,先端钝尖;花瓣橙色,椭圆形,先端钝圆,基部截形,具白色缘毛;唇瓣厚舌状,肉质,橙红色,基部弯曲,与蕊柱足相连;蕊柱半圆柱形。

**物候期:**花期5—6月,果期7—9月。

**生境:**附生于海拔1800~2100m的常绿阔叶林树干上。

**分布:**恩施州宣恩县、黄冈市英山县。

**濒危等级:**EN。

### 56. 锚齿卷瓣兰 *Bulbophyllum hamatum*(附图4-56)

**形态特征:**附生,全体无毛;假鳞茎卵球形;顶生1枚叶。叶片革质,长圆形或披针形。花葶从假鳞茎基部抽出,细长,远长于叶片;基部具3~4枚膜质鞘;花序具4~5朵花;苞片黄色,膜质;花梗连同子房长约1.5cm,黄色;花黄色;中萼片卵状披针形,全缘,先端渐尖,2枚侧萼片中上部内卷成筒状并靠拢,直伸或稍弯曲,全缘,先端钝尖;花瓣宽卵形,先端渐尖,边缘密生腺毛;唇瓣厚舌状,橙黄色,先端圆,基部弯曲,具关节;蕊柱齿中上部弯曲呈钩状或镰刀状似锚。

**物候期:**花期7—8月,果期9—10月。

**生境:**生于海拔950~1200m的亚热带常绿阔叶林下。

**分布:**恩施州利川市、宜昌市五峰县。

**濒危等级:**NE。

### 57. 广东石豆兰 *Bulbophyllum kwangtungense*(附图4-57)

**形态特征:**根状茎径约2mm;假鳞茎疏生,直立,圆柱形,顶生1枚叶。叶长圆形,先端稍凹缺。花白色或淡黄色;萼片离生,披针形,中部以上两侧内卷,侧萼片比中萼片稍长,萼囊不明显;花瓣窄卵状披针形,长4~5mm,宽约0.4mm,全缘,唇瓣肉质,披针形,上面具2~3条小脊突,在中部以上合成1条较粗的脊;蕊柱足长约0.5mm,离生部分长约0.1mm,蕊柱齿牙齿状,几无柄。

**物候期:**花期6—7月,果期8—9月。

**生境:**生于海拔约800m的山坡林下岩石上。

**分布:**神农架林区、鄂西南地区、大别山地区。

**濒危等级:**LC。

### 58. 密花石豆兰 *Bulbophyllum odoratissimum*(附图4-58)

**形态特征:**根状茎分枝,被筒状膜质鞘,在每相距4~8cm处生1个假鳞茎;根成束,分枝,出自生有假鳞茎的节上。假鳞茎近圆柱形,直立,顶生1枚叶,幼时在基部被3~4枚鞘。叶革质,长圆形先端钝并且稍凹入,基部收窄,近无柄。花葶淡黄绿色,从假鳞茎基部

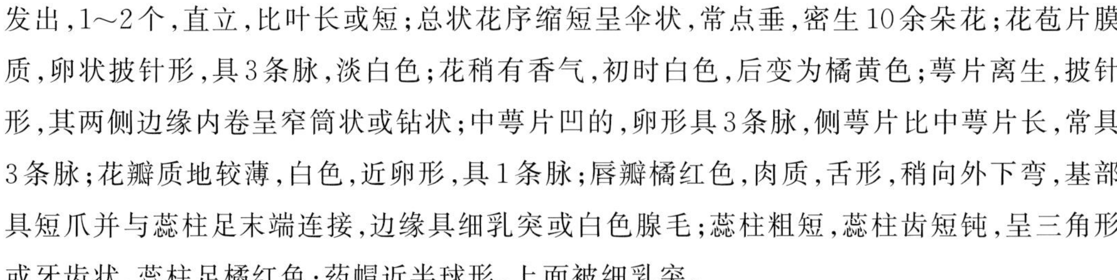

发出，1～2个，直立，比叶长或短；总状花序缩短呈伞状，常点垂，密生10余朵花；花苞片膜质，卵状披针形，具3条脉，淡白色；花稍有香气，初时白色，后变为橘黄色；萼片离生，披针形，其两侧边缘内卷呈窄筒状或钻状；中萼片凹的，卵形具3条脉，侧萼片比中萼片长，常具3条脉；花瓣质地较薄，白色，近卵形，具1条脉；唇瓣橘红色，肉质，舌形，稍向外下弯，基部具短爪并与蕊柱足末端连接，边缘具细乳突或白色腺毛；蕊柱粗短，蕊柱齿短钝，呈三角形或牙齿状，蕊柱足橘红色；药帽近半球形，上面被细乳突。

**物候期：**花期4—6月，果期7—8月。

**生境：**生于海拔200～2300m的混交林中树干上或山谷岩石上。

**分布：**神农架林区。

**濒危等级：**LC。

### 59. 毛药卷瓣兰 *Bulbophyllum omerandrum*（附图4-59）

**形态特征：**假鳞茎生于径约2mm的根状茎上，相距1.5～4cm，卵状球形，顶生1枚叶。叶长圆形先端稍凹缺。花黄色；中萼片卵形，先端具2～3条髯毛，全缘，侧萼片披针形，长约3cm，宽约5mm，先端稍钝，基部上方扭转，两侧萼片呈八字形叉开；花瓣卵状三角形，长约5mm，先端紫褐色具细尖，上部边缘具流苏，唇瓣舌形，长约7mm，外弯，下部两侧对折，先端钝，边缘多少具睫毛，近先端两侧面疏生细乳突。

**物候期：**花期3—4月，果期5—7月。

**生境：**生于海拔100～1850m的山地林中树干上或沟谷岩石上。

**分布：**神农架林区，恩施州巴东县、宣恩县、鹤峰县、利川市，宜昌市兴山县、五峰县。

**濒危等级：**NT。

### 60. 斑唇卷瓣兰 *Bulbophyllum pectenveneris*（附图4-60）

**形态特征：**假鳞茎生于径1～2mm的根状茎上，相距0.5～1cm，卵球形，顶生1枚叶。叶椭圆形或卵形，先端稍钝或具凹缺。花葶生于假鳞茎基部，伞形花序具3～9朵花。花黄绿色或黄色稍带褐色；中萼片卵形，先端尾状，具流苏状缘毛，侧萼片窄披针形，先端长尾状，边缘内卷，基部上方扭转，上下侧边缘除先端外贴合；花瓣斜卵形，具流苏状缘毛，唇瓣舌形，外弯，先端近尖，无毛。

**物候期：**花期4—6月，果期7—8月。

**生境：**生于海拔1000m以下的山地林中树干上或林下岩石上。

**分布：**神农架林区、宜昌市兴山县。

**濒危等级：**DD。

### 61. 藓叶卷瓣兰 *Bulbophyllum retusiusculum*（附图4-61）

**形态特征：**假鳞茎在根状茎上相距1～3cm，或近紧靠，卵状圆锥形或窄卵形，顶生1枚叶。叶长圆形或卵状披针形，先端稍凹缺。花葶从假鳞茎基部抽出，伞形花序具多花；中萼片黄色带紫色脉纹，长圆状卵形或近长方形，先端近平截，有凹缺，全缘，背面稍有乳突，侧萼片金黄色，窄披针形或丝形，背面疏生细疣突，基部扭转，两侧萼片上下侧边缘贴合，形成宽椭圆形或长角状"合萼"；花瓣黄色带紫色脉纹，近方形，全缘，唇瓣舌形，外弯。

**物候期**：花期9—12月。

**生境**：生于海拔500～2800m的山地林中树干上或林下岩石上。

**分布**：宜昌市五峰县。

**濒危等级**：LC。

### 62. 单叶厚唇兰 *Dendrobium fargesii*（附图4-62）

**形态特征**：假鳞茎斜立，近卵形，顶生1枚叶。叶厚革质，干后栗色，卵形或卵状椭圆形，先端圆而凹缺。花单生于假鳞茎顶端，不甚张开；萼片和花瓣淡粉红色，中萼片卵形，侧萼片斜卵状披针形，先端尖，萼囊长约5mm；花瓣卵状披针形，较侧萼片小，先端尖，唇瓣近白色，小提琴状，长约2cm，前唇近肾形，伸展，先端深凹，前后唇等宽，宽约11mm；唇盘具2条纵向的龙骨脊，其末端止于前唇的基部并且增粗呈乳头状；蕊柱粗壮。

**物候期**：花期4—5月，果期6—7月。

**生境**：生于海拔400～2400m的沟谷岩石上或山地林中树干上。

**分布**：神农架林区，恩施州宣恩县、利川市。

**濒危等级**：LC。

### 63. 曲茎石斛 *Dendrobium flexicaule*（附图4-63）

**形态特征**：茎圆柱形，回折状向上弯曲。叶2～4枚，互生，长圆状披针形，先端一侧稍钩转，基部具抱茎鞘；花序具1～2朵花；花苞片浅白色，卵状三角形，先端急尖；花梗和子房黄绿色带淡紫色；花开展，中萼片背面黄绿色，上端稍带淡紫色，长圆形，具5条脉；侧萼片背面黄绿色，上端边缘稍带淡紫色，斜卵状披针形，具5条脉，萼囊黄绿色，圆锥形；花瓣下部黄绿色，上部近淡紫色，椭圆形，具5条脉；唇瓣淡黄色，先端边缘淡紫色，中部以下边缘紫色，宽卵形，不明显3裂，上面密布短绒毛；蕊柱黄绿色；药帽乳白色，近菱形。

**物候期**：花期5月，果期6—8月。

**生境**：生于海拔1200～2000m的山谷岩石上。

**分布**：神农架林区、宜昌市五峰县、恩施州利川市。

**濒危等级**：CR。

### 64. 细叶石斛 *Dendrobium hancockii*（附图4-64）

**形态特征**：茎直立，质硬，圆柱形，长达80cm，具纵棱。叶常3～6枚，窄长圆形，先端稍不等2圆裂，基部下延为抱茎纸质鞘。花序长1～2.5cm，具1～2朵花，花序梗长不及1cm；花质厚，稍有香气，金黄色，唇瓣裂片内侧具少数红色条纹；中萼片卵状椭圆形，先端尖，侧萼片卵状披针形，较中萼片稍窄，萼囊圆锥形，长约5mm；花瓣近椭圆形或斜倒卵形，较中萼片宽，唇瓣较花瓣稍短，较宽，基部具胼胝体，中部以上3裂，侧裂片近半圆形，包蕊柱，中裂片扁圆形或肾状圆形，上面密被淡绿色乳突状短毛。

**物候期**：花期5—6月，果期7—8月。

**生境**：生于海拔700～1500m的山地林中树干上或山谷岩石上。

**分布**：神农架林区。

**濒危等级**：EN。

65. 霍山石斛 *Dendrobium huoshanense*（附图4-65）

**形态特征**：茎直立，肉质，从基部上方向上逐渐变细，不分枝，具3～7节，淡黄绿色，有时带紫红色斑点，干后淡黄色。叶革质，2～3枚互生于茎的上部，斜出，舌状长圆形，先端钝并且微凹，基部具抱茎的鞘；叶鞘膜质，宿存。总状花序1～3个，从落了叶的老茎上部发出，具1～2朵花；花序柄长2～3mm，基部被1～2枚鞘；鞘纸质，卵状披针形；花苞片浅白色带栗色，卵形；花梗和子房浅黄绿色；花淡黄绿色，开展；中萼片卵状披针形，具5条脉；侧萼片镰状披针形，基部歪斜；萼囊近矩形，末端近圆形；花瓣卵状长圆形，具5条脉；唇瓣近菱形，长和宽约相等；蕊柱淡绿色；蕊柱足基部黄色，密生长白毛，两侧偶然具齿突；药帽绿白色，近半球形，顶端微凹。

**物候期**：花期5—6月，果期7—8月。

**生境**：生于海拔800～1500m的山地林中的树干上和山谷岩石上。

**分布**：黄冈市英山县。

**濒危等级**：EN。

66. 罗河石斛 *Dendrobium lohohense*（附图4-66）

**形态特征**：茎直立，圆柱形，质稍硬，具多节，上部节易生根并长出新枝，干后金黄色，具数纵棱。叶薄革质，长圆形，先端尖，基部具抱茎鞘。花序侧生于有叶茎端或叶腋，具单花，花序梗几无；花梗和子房长达1.5cm；花蜡黄色，稍肉质，开展；中萼片椭圆形，侧萼片斜椭圆形，较中萼片稍长而窄，萼囊近球形；花瓣椭圆形，唇瓣倒卵形，较花瓣大，基部楔形两侧包蕊柱，前端具不整齐细齿；蕊柱顶端两侧各具2个蕊柱齿。蒴果椭圆状球形。

**物候期**：花期5—6月，果期7—8月。

**生境**：生于海拔980～1500m的山谷或林缘的岩石上。

**分布**：神农架林区、十堰市竹溪县。

**濒危等级**：EN。

67. 大花石斛 *Dendrobium wilsonii*（附图4-67）

**形态特征**：茎直立或斜立，细圆柱形，通常长10～30cm，粗4～6mm，不分枝，具节，节间长1.5～2.5cm。叶革质，二列互生于茎的上部，窄长圆形，先端稍不等2裂，基部具抱茎鞘。花序1～4个，生于已落叶的老茎上部，具1～2朵花；花白色或淡红色；中萼片长圆状披针形，侧萼片与中萼片等大，基部较宽，歪斜，萼囊半球状；花瓣近椭圆形，与萼片等长且稍宽，先端锐尖；唇瓣白色，具黄绿色斑块，卵状披针形，较萼片稍短而甚宽，不明显3裂，基部楔形，具胼胝体，侧裂片直立，半圆形；中裂片卵形，先端尖；唇盘中央具1个黄绿色的斑块，密被短毛；药帽近半球形，密布细乳突。

**物候期：**花期5月。

**生境：**生于海拔1000～1300m的山地阔叶林中树干上或林下岩石上。

**分布：**恩施州宣恩县、鹤峰县，神农架林区，宜昌市五峰县。

**濒危等级：**EN。

68. 石斛 *Dendrobium nobile*（附图4-68）

**形态特征：**茎直立，稍扁圆柱形，长达60cm，上部常多少回折状弯曲，下部细圆柱形，具多节。叶革质，长圆形，先端不等2裂，基部具抱茎鞘。花序生于具叶或已落叶的老茎中部以上茎节，具1～4朵花，花序梗长0.5～1.5cm；苞片膜质，卵状披针形；花大，白色且先端淡紫红色，有时全体淡紫红色；中萼片长圆形，侧萼片与中萼片相似，基部歪斜，萼囊倒圆锥形，花瓣稍斜宽卵形，具短爪，全缘，唇瓣宽倒卵形，基部两侧有紫红色条纹，具短爪，两面密被绒毛，唇盘具紫红色大斑块；药帽前端边缘具尖齿。

**物候期：**花期4—5月，果期6—8月。

**生境：**生于海拔480～1700m的山地林中树干上或山谷岩石上。

**分布：**宜昌市五峰县。

**濒危等级：**VU。

69. 铁皮石斛 *Dendrobium officinale*（附图4-69）

**形态特征：**茎直立，圆柱形，不分枝，具多节。叶2裂，纸质，长圆状披针形，先端钝并且多少钩转，基部下延为抱茎的鞘，边缘和中肋常带淡紫色；叶鞘常具紫斑，老时其上缘与茎松离而张开并且与节留下1个环状铁青的间隙。总状花序常从落了叶的老茎上部发出；花序轴回折状弯曲；苞片干膜质，浅白色，卵形，先端稍钝；萼片和花瓣黄绿色，近相似，长圆状披针形，具5条脉；侧萼片基部较宽阔；萼囊圆锥形，末端圆形；唇瓣白色，基部具1个绿色或黄色的胼胝体，卵状披针形，中部反折，中部以下两侧具紫红色条纹；唇盘密布细乳突状毛；蕊柱黄绿色。

**物候期：**花期3—5月，果期6—8月。

**生境：**生于海拔约1600m的山地半阴湿的岩石上。

**分布：**神农架林区、黄冈市英山县。

**濒危等级：**EN。

70. 镰翅羊耳蒜 *Liparis bootanensis*（附图4-70）

**形态特征：**附生草本。假鳞茎密集，卵形或窄卵状圆柱形，顶生1枚叶。叶窄长圆状倒披针形或近窄椭圆形，纸质或坚纸质，有关节；叶柄长1～7cm。花葶高大，花序外弯或下垂，具数朵至20余朵花，花常黄绿色，中萼片近长圆形，侧萼片与中萼片近等长，略宽，花瓣窄线形，唇瓣近宽长圆状倒卵形，前缘有不规则细齿，基部有2个胼胝体；蕊柱上部两侧有翅。蒴果倒卵状椭圆形；果柄长0.8～1cm。

**物候期：**花期8—10月，果期10—11月。

**生境：**生于海拔400～800m的岩壁阴处。

**分布：**恩施州。

**濒危等级：**LC。

71. 羊耳蒜 *Liparis campylostalix*（附图4-71）

**形态特征：**地生草本。假鳞茎宽卵形，较小，外被白色的薄膜质鞘。叶2枚，卵形至卵状长圆形，先端急尖或钝，近全缘，基部收狭成鞘状柄，无关节。花葶长10～25cm；总状花序具数朵至10余朵花；花苞片卵状披针形，长1～2mm；花梗和子房长5～10mn；花淡紫色；中萼片线状披针形，具3条脉；侧萼片略斜歪，比中萼片宽（约1.8mm），亦具3脉；花瓣丝状；唇瓣近倒卵状椭圆形，从中部多少反折，先端近浑圆并有短尖，边缘具不规则细齿，基部收狭，无胼胝体；蕊柱长约2.5mm，稍向前弯曲，顶端具钝翅，基部多少扩大、肥厚。

**物候期：**花期6—7月，果期8—9月。

**生境：**生于海拔1100～3100m的林下岩石积土上或松林下草地上。

**分布：**湖北省内广泛分布。

**濒危等级：**LC。

72. 小羊耳蒜 *Liparis fargesii*（附图4-72）

**形态特征：**附生小草本，常成丛生长。假鳞茎近圆柱形，平卧，新假鳞茎发自老假鳞茎近顶端的下方，彼此相连接而匍匐于岩石上，顶端具1枚叶。叶椭圆形或长圆形，坚纸质，先端浑圆或钝，基部骤然收狭成柄，有关节。花葶长2～4cm，花序柄扁圆柱形，两侧具狭翅，下部无不育苞片；总状花序具2～3朵花；花苞片很小，狭披针形；花梗和子房长8～9mm，花淡绿色；萼片线状披针形，先端钝，边缘常外卷，具1脉；花瓣狭线形；唇瓣近长圆形，中部略缢缩而呈小提琴形，先端近截形并微凹，凹缺中央有时有细尖，基部无胼胝体但略增厚。蒴果倒卵形。

**物候期：**花期9月，果期10月。

**生境：**生于海拔300～1400m的林中或荫蔽处的石壁、岩石上。

**分布：**神农架林区、宜昌市五峰县、恩施州利川市。

**濒危等级：**NT。

73. 黄花羊耳蒜 *Liparis luteola*（附图4-73）

**形态特征：**附生草本，较矮小。假鳞茎稍密集，近卵形，顶端具2枚叶。叶线形或线状倒披针形，纸质，先端渐尖，基部逐渐收狭成柄，有关节。花葶长6～16cm；花序柄略压扁，两侧有狭翅，靠近花序下方有时有1枚不育苞片；总状花序长3～6cm，具数朵至10余朵花；花苞片披针形，花乳白绿色或黄绿色；萼片披针状线形或线形，先端钝，中脉在背面稍隆起；侧萼片通常略宽于中萼片；花瓣丝状；唇瓣长圆状倒卵形，先端微缺并在中央具细尖，近基部有一肥厚的纵脊，脊的前端有1个2裂的胼胝体；蕊柱纤细，上部具翅。蒴果倒卵形。

**物候期：**花果期12月至次年2月。

**生境：**生于海拔1500m以下的林中树上或岩石上。

**分布：**宜昌市五峰县。

**濒危等级：**VU。

74. 见血青 *Liparis nervosa*（附图4-74）

**形态特征：**地生草本。茎或假鳞茎圆柱状，肉质，有数节，常包于叶鞘之内。叶2～5枚，卵形或卵状椭圆形，膜质或草质，长5～16cm，基部成鞘状柄，无关节。花葶生于茎顶；花序具数朵至10余朵花；苞片三角形；花紫色；中萼片线形或宽线形，边缘外卷，侧萼片窄卵状长圆形，稍斜歪，花瓣丝状，唇瓣长圆状倒卵形，先端平截，微凹，基部具2个近长圆形胼胝体；蕊柱长4～5mm，上部两侧有窄翅。蒴果倒卵状长圆形或窄椭圆形。

**物候期：**花期5—7月，果期8—9月。

**生境：**生于海拔1000～2100m的林下、溪谷旁、草丛阴处或岩石覆土上。

**分布：**广泛分布。

**濒危等级：**LC。

75. 长唇羊耳蒜 *Liparis pauliana*（附图4-75）

**形态特征：**地生草本。假鳞茎卵形或卵状长圆形，被多枚白色薄膜鞘。叶(1)2枚，卵形或椭圆形，膜质或草质，边缘皱波状，具不规则细齿，基部成鞘状柄，无关节；花葶长达28cm，花序常疏生数花；苞片长1.5～3mm；花淡紫色，萼片常淡黄绿色，线状披针形，侧萼片稍斜歪；花瓣近丝状，唇瓣倒卵状椭圆形，近基部常有2条纵褶片；蕊柱长3.5～4.5mm，顶端具翅，基部肥厚。蒴果倒卵形，上部有6翅，翅宽达1.5mm；果柄长1～1.2cm。

**物候期：**花期5—6月，果期6—7月。

**生境：**生于海拔600～1200m的林下阴湿处或岩石缝中。

**分布：**宜昌市五峰县。

**濒危等级：**LC。

76. 裂瓣羊耳蒜 *Liparis fissipetala*（附图4-76）

**形态特征：**附生草本。假鳞茎密集，纺锤形或狭卵形，上部具4枚叶，其中2枚顶生。叶狭倒卵形，先端浑圆并具短尖，边缘皱波状，基部收狭成短柄，有关节。花葶近无翅，靠近花序下方有1～3枚不育苞片；总状花序疏生数朵或10余朵花；花苞片绿色，卵状披针形；花梗和子房长4～5mm；花黄色；中萼片长圆状披针形，先端急尖，具1脉；侧萼片近长圆形，内缘从中部以下合生成合萼片；合萼片卵状长圆形，较中萼片短而宽；花瓣狭线形，先端2深裂；裂片略叉开；唇瓣由前唇与爪组成；前唇长圆形，先端微凹，基部两侧有耳；爪宽线形，与前唇连接处有1个横向的和1个斜向的褶片状胼胝体；蕊柱直立，上部两侧有近钝三角形的宽翅。蒴果球形或宽椭圆形；果梗长3～4mm。

**物候期**：花期8—9月，果期9—10月。

**生境**：生于海拔约1200m的林中树上。

**分布**：宜昌市五峰县。

**濒危等级**：CR。

### 77. 齿突羊耳蒜 *Liparis rostrata*（附图4-77）

**形态特征**：地生草本。假鳞茎很小，卵形，外被白色的薄膜质鞘。叶2枚，卵形，膜质或草质，先端急尖或钝，全缘，基部收狭并下延成鞘状柄，无关节；鞘状柄长1～2cm或更长，围抱花葶下部。花序柄圆柱形，略扁，两侧有狭翅；总状花序具数朵花；花苞片卵形；花梗和子房长5～10mm；花绿色或黄绿色；萼片狭长圆状披针形或狭长圆形，先端钝，具3脉；侧萼片略斜歪；花瓣丝状或狭线形，具1条脉；唇瓣近倒卵形，先端具短尖，边缘有不规则齿，基部收狭，无胼胝体；蕊柱稍向前弯曲，顶端有翅，基部扩大，在前方有2个肥厚的齿状突起。

**物候期**：花期5—7月，果期7—8月。

**生境**：生于海拔约2650m的沟边铁杉林下石上的覆土中。

**分布**：恩施州利川市。

**濒危等级**：DD。

### 78. 长茎羊耳蒜 *Liparis viridiflora*（附图4-78）

**形态特征**：附生草本。假鳞茎稍密集，常圆柱形，基部常稍平卧，上部直立，顶端具2枚叶。叶线状倒披针形或线状匙形，纸质，叶长8～25cm，有关节。花葶长达30cm，外弯，花序长达20cm，具数10朵花；苞片薄膜质；花梗和子房长4～7mm；花绿白色或淡绿黄色；中萼片近椭圆形，边缘外卷，侧萼片卵状椭圆形，略宽于中萼片；花瓣窄线形，唇瓣近卵状长圆形，边缘略波状，中部外弯，无胼胝体；蕊柱长1.5～2mm，顶端有翅。蒴果倒卵状椭圆形。

**物候期**：花期9—10月，果期10—11月。

**生境**：生于海拔200～2300m的林中或山谷阴处的树上或岩石上。

**分布**：恩施州宣恩县。

**濒危等级**：LC。

### 79. 原沼兰 *Malaxis monophyllos*（附图4-79）

**形态特征**：地生草本。假鳞茎卵形。叶常1枚，卵形、长卵形或近椭圆形；叶柄多少鞘状，长3～8cm，抱茎和上部离生。花葶长达40cm，花序具数10朵花；苞片长2～2.5mm；花梗和子房长2.5～4mm；花淡黄绿色或淡绿色；中萼片披针形或窄卵状披针形，侧萼片线状披针形；花瓣近丝状或极窄披针形，唇瓣长3～4mm，先端骤窄成窄披针状长尾（中裂片），唇盘近圆形或扁圆形，中央略凹陷，两侧边缘肥厚，具疣状突起，基部两侧有短耳；蕊柱粗。蒴果倒卵形或倒卵状椭圆形。

**物候期：**花期7—8月，果期8—9月。

**生境：**生于林下、灌丛中或草坡上，海拔变化较大。

**分布：**神农架林区。

**濒危等级：**LC。

80. 宝岛鸢尾兰 *Oberonia insularis*（附图4-80）

**形态特征：**根状茎细长，匍匐，具节，每相距5~7mm着生叶簇。茎短，具5枚叶。叶两侧压扁，肉质，2裂套叠，椭圆形或椭圆状披针形，基部不具关节。花葶长约3cm，近直立；总状花序密生多数小花；花苞小，卵状披针形；花梗和子房绿色；花浅绿色至浅褐色，不扭转；萼片卵形，先端急尖，稍凹陷，多少反折；花瓣线形，略弧曲，先端钝；唇瓣轮廓为狭卵状长圆形，先端叉状2深裂，边缘具不规则锯齿；小裂片略叉开或稍外弯，线状披针形；蕊柱短。

**物候期：**花期4—5月，果期5—7月。

**生境：**生于海拔800~1500m的林下。

**分布：**神农架林区、宜昌市五峰县、恩施州建始县。

**濒危等级：**EN。

81. 狭叶鸢尾兰 *Oberonia insularis*（附图4-81）

**形态特征：**茎明显。叶5~6枚，2裂互生于茎上，两侧压扁，肥厚，线形，先端渐尖或急尖，边缘在干后常呈皱波状，下部内侧具干膜质边缘，脉略可见，基部有关节。花葶生于茎顶端，近圆柱形，无翅，在花序下方有数枚不育苞片，披针形；总状花具数十朵或更多的花；花序轴较纤细；花苞片披针形，先端渐尖，边缘有不规则的缺刻或近全缘；花淡黄色或淡绿色，较小；中萼片卵状椭圆形，先端钝；侧萼片近卵形，稍凹陷，大小与中萼片相近；花瓣近长圆形，先端近浑圆；唇瓣轮廓为倒卵形，基部两侧各有1个钝耳或有时耳不甚明显，先端2深裂；先端小裂片狭卵形、卵形至近披针形，叉开或伸直，先端短渐尖或急尖；蕊柱粗短，直立。蒴果倒卵状椭圆形。

**物候期：**花期6—7月，果期8—9月。

**生境：**生于林中树上或岩石上，海拔700~1800m，但在西藏自治区可上升至3700m。

**分布：**神农架林区。

**濒危等级：**NT。

82. 小沼兰 *Oberonioides microtatantha*（附图4-82）

**形态特征：**地生小草本。假鳞茎小，卵形或近球形，外被白色的薄膜质鞘。叶1枚，接近铺地，卵形至宽卵形，长1~2cm，宽5~13mm，先端急尖，基部近截形，有短柄；叶柄鞘状，抱茎。花葶纤细，常紫色，略扁，两侧具窄翅，花序长达2cm，具10~20朵花；苞片长约0.5mm，多少

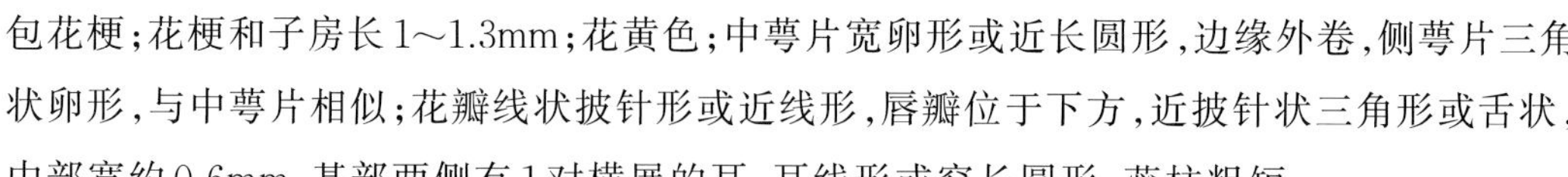


包花梗；花梗和子房长1～1.3mm；花黄色；中萼片宽卵形或近长圆形，边缘外卷，侧萼片三角状卵形，与中萼片相似；花瓣线状披针形或近线形，唇瓣位于下方，近披针状三角形或舌状，中部宽约0.6mm，基部两侧有1对横展的耳，耳线形或窄长圆形；蕊柱粗短。

**物候期：**花期4—5月，果期5—6月。

**生境：**生于海拔200～600m的林下或阴湿处的岩石上。

**分布：**神农架林区、咸宁市通山县、黄冈市麻城市。

**濒危等级：**NT。

### 83. 建兰 *Cymbidium ensifolium*（附图4-83）

**形态特征：**地生植物。假鳞茎卵球形。叶带形，有光泽，前部边缘有时有细齿。花葶直立，一般短于叶；花苞片最下面的1枚长可达1.5～2cm外，其余的长5～8mm，一般不及花梗和子房长度的1/3，最多不超过1/2；花常有香气，色泽变化较大，通常为浅黄绿色而具紫斑；萼片近狭长圆形或狭椭圆形；侧萼片常向下斜展；花瓣狭椭圆形或狭卵状椭圆形，近平展；唇瓣近卵形，略3裂；侧裂片直立，上面有小乳突；中裂片较大、卵形、外弯，边缘波状，亦具小乳突；唇盘上2条纵褶片从基部延伸至中裂片基部；蕊柱两侧具狭翅。蒴果狭椭圆形。

**物候期：**花期4—6月，果期6—8月。

**生境：**生于海拔600～1800m的疏林下、灌丛中、山谷旁或草丛中。

**分布：**鄂西山地。

**濒危等级：**VU。

### 84. 蕙兰 *Cymbidium faberi* var. *faberi*（附图4-84）

**形态特征：**地生草本。假鳞茎不明显。叶带形，近直立基部常对折呈V形，叶脉常透明、有粗齿。花葶稍外弯，花序具5～11朵或多花；苞片线状披针形，最下1枚长于子房，中上部的长1～2cm；花梗和子房长2～2.6cm；花常淡黄绿色，唇瓣有紫红色斑，有香气；萼片近披针状长圆形或窄倒卵形；花瓣与萼片相似，常略宽短，唇瓣长圆状卵形，3裂，侧裂片直立，具小乳突或细毛，中裂片较长，外弯，有乳突，边缘常皱波状，唇盘2条褶片上端内倾，多少形成短管；蕊柱长1.2～1.6cm；花粉团4个，成2对。蒴果窄椭圆形。

**物候期：**花期3—5月，果期5—7月。

**生境：**生于海拔700～3000m的湿润但排水良好的透光处。

**分布：**湖北省内广泛分布。

**濒危等级：**LC。

### 85. 多花兰 *Cymbidium floribundum*（附图4-85）

**形态特征：**附生植物。假鳞茎近卵球形。叶5～6枚，带形，坚纸质，背面下部中脉较侧脉更为凸起。花葶近直立或外弯，花序具10～50朵花；苞片小；花较密集，萼片与花瓣红褐色，稀绿黄色，唇瓣白色，侧裂片与中裂片有紫红色斑，褶片黄色；萼片窄长圆形；花瓣窄椭圆形，唇瓣近卵形，3裂，侧裂片直立，具小乳突，中裂片具小乳突，唇盘有2条褶片，褶片末端贴合；蕊柱长1.1～1.4cm，略前弯；花粉团2个，三角形。蒴果近长圆形。

**物候期：**花期4—7月，果期7—9月。

**生境：**生于海拔100～2500m的林中或林缘树上，或溪谷旁透光的岩石上、岩壁上。

**分布：**广泛分布于鄂西山地。

**濒危等级：**VU。

### 86. 春兰 *Cymbidium goeringii* var. *goeringii*（附图4-86）

**形态特征：**地生草本。假鳞茎卵球形。叶带形，下部常多少对折呈V形。花葶直立，明显短于叶；花序具单朵花，极罕2朵；花苞片长而宽，多少围抱子房；花色泽变化较大，通常为绿色或淡褐黄色而有紫褐色脉纹，有香气；萼片近长圆形至长圆状倒卵形；花瓣倒卵状椭圆形至长圆状卵形；唇瓣近卵形，不明显3裂；侧裂片直立，具小乳突，在内侧靠近纵褶片处各有1个肥厚的皱褶状物；中裂片较大，强烈外弯，上面亦有乳突，边缘略呈波状；唇盘上2条纵褶片从基部上方延伸中裂片基部以上；蕊柱两侧有较宽的翅；花粉团4个，成2对。蒴果狭椭圆形。

**物候期：**花期2—4月，果期4—5月。

**生境：**生于海拔300～2200m的多石山坡、林缘、林中透光处。

**分布：**湖北省内广泛分布。

**濒危等级：**VU。

### 87. 寒兰 *Cymbidium kanran*（附图4-87）

**形态特征：**地生草本。假鳞茎窄卵球形。叶3～7枚，带形，薄革质，前部常有细齿。花葶长25～60cm，总状花序疏生5～12朵花；苞片窄披针形；花梗和子房长2～2.5cm；花常淡黄绿色，唇瓣淡黄色，有浓香；萼片近线形或线状窄披针形；花瓣常窄卵形或卵状披针形，唇瓣近卵形，微3裂，侧裂片直立，有乳突状柔毛，中裂片外弯，上面有乳突状柔毛，边缘稍有缺刻，唇盘2条褶片，上部内倾贴合成短管；蕊柱长1～1.7cm；花粉团4个，成2对。蒴果窄椭圆形。

**物候期：**花期8—10月，果期11—12月。

**生境：**生于海拔300～2200m的疏林下、竹林下林缘、阔叶林下或溪谷旁的岩石上、树上或地上。

**分布：**恩施州宣恩县、黄冈市英山县。

**濒危等级：**VU。

### 88. 兔耳兰 *Cymbidium lancifolium*（附图4-88）

**形态特征：**半附生草本。假鳞茎近扁圆柱形或窄梭形，有节，多少裸露，顶端聚生2～4枚叶。叶倒披针状长圆形或窄椭圆形。花葶生于假鳞茎下部侧面节上，花序具2～6朵花；苞片披针形；花常白色或淡绿色，花瓣中脉紫栗色，唇瓣有紫栗色斑；萼片倒披针状长圆形;花瓣近长圆形,唇瓣近卵状长圆形,稍3裂,侧裂片直立,中裂片外弯,唇盘2条褶片上端内倾贴合形成短管。蒴果窄椭圆形,长约5cm,宽约1.5cm。

**物候期:**花期5—6月,果期6—8月。

**生境:**生于海拔300~2200m的疏林下、竹林下、林缘、阔叶林下或溪谷旁的岩石上、树上或地上。

**分布:**神农架林区,恩施州鹤峰县、宣恩县、利川市、咸丰县,宜昌市五峰县。

**濒危等级:**LC。

### 89. 大根兰 *Cymbidium macrorhizon*(附图4-89)

**形态特征:**腐生植物,叶退化,亦无假鳞茎,地下有根状茎;根状茎肉质,白色,斜生或近直立,常分枝,具节,具不规则疣状突起。花葶直立,紫红色,中部以下具数枚圆筒状的鞘;总状花序具2~5朵花;花苞片线状披针形;花梗和子房长2~2.5cm,后期可继续延长;花白色带黄色至淡黄色,萼片与花瓣常有1条紫红色纵带,唇瓣,上有紫红色斑;萼片狭倒卵状长圆形;花瓣狭椭圆形;唇瓣近卵形,略3裂;侧裂片直立,具小乳突;中裂片较大,稍下弯;唇盘上2条纵褶片从基部延伸至中裂片基部,上端向内倾斜并贴合,多少形成短管;蕊柱长约1cm,稍向前弯曲,两侧具狭翅;花粉团4个,成2对,宽卵形。

**物候期:**花期6—8月,果期8—9月。

**生境:**生于海拔700~1500m的河边林下、马尾松林缘或开旷山坡上。

**分布:**宜昌市五峰县。

**濒危等级:**NT。

### 90. 美冠兰 *Eulophia graminea*(附图4-90)

**形态特征:**假鳞茎圆锥形或近球形,多少露出地面。叶3~5枚,花后出叶,线形或线状披针形叶柄套叠成短的假茎;苞片草质,线状披针形。花橄榄绿色,唇瓣白色,具淡紫红色褶片;中萼片倒披针状线形,侧萼片常略斜歪而稍大;花瓣近窄卵形,唇瓣近倒卵形或长圆形,3裂,中裂片近圆形,唇盘有3~5条褶片,从基部延伸至中裂片,中裂片褶片呈流苏状,距圆筒状或略棒状,略前弯;蕊柱长4~5mm,无蕊柱足。蒴果下垂,椭圆形。

**物候期:**花期4—5月,果期6—7月。

**生境:**生于海拔900~1200m的疏林中草地上、山坡阳处。

**分布:**黄冈市红安县。

**濒危等级:**LC。

### 91. 独花兰 *Changnienia amoena*(附图4-91)

**形态特征:**地生草本。假鳞茎近椭圆形或宽卵球形,肉质,近淡黄白色,有2节,被膜质鞘。叶1枚,宽卵状椭圆形至宽椭圆形,背面紫红色。花葶生于假鳞茎顶端,紫色,具2枚鞘,花单朵,顶生;苞片小,早落;花白色,带肉红色或淡紫色晕,唇瓣有紫红色斑点;萼片长圆状披针形，侧萼片稍斜歪；花瓣窄倒卵状披针形，3裂，侧裂片斜卵状三角形，中裂片宽倒卵状方形，具不规则波状缺刻，唇盘在2侧裂片间具5个褶片状附属物，距角状。

**物候期：**花期3—4月，果期4—6月。

**生境：**生于海拔1000～1600m的疏林下腐殖质丰富的土壤中或沿山谷荫蔽的地方。

**分布：**神农架林区、恩施州、湖北大别山。

**濒危等级：**EN。

92. 无叶杜鹃兰 *Cremastra aphylla*（附图4-92）

**形态特征：**腐生植物，茎高达45cm，叶全部退化。根少，从球茎基部发出，纤维状，长达2.3cm；根状茎丛生。伞形花序，5～12朵，部分被一些管状的褐色鞘，深褐色紫色；花苞片斜披针形、钝，长约17mm，宽约3.0mm；花无毛，2裂，下垂；花被裂片的花梗、子房和背面深棕紫色；花被裂片的正面棕紫色具深色斑纹；唇瓣偏白，有花梗，子房圆柱状，反折，长达18mm；中萼片钝，5脉，侧萼片镰状。

**物候期：**花期6—7月，果期6—7月。

**生境：**生于海拔800～2000m的山地林下。

**分布：**宜昌市五峰县、恩施州宣恩县。

**濒危等级：**NE。

93. 杜鹃兰 *Cremastra appendiculata*（附图4-93）

**形态特征：**假鳞茎卵球形或近球形。叶常1枚，窄椭圆形或倒披针状窄椭圆形。花葶长达70cm，花序具5～22朵花；苞片披针形或卵状披针形；花常偏向一侧，多少下垂，不完全开放，有香气，窄钟形，淡紫褐色；萼片倒披针形，中部以下近窄线形，侧萼片略斜歪；花瓣倒披针形，唇瓣与花瓣近等长，线形，3裂，侧裂片近线形，中裂片卵形或窄长圆形，基部2侧裂片间具肉质突起；蕊柱细，顶端略扩大，腹面有时有窄翅。蒴果近椭圆形，下垂。

**物候期：**花期5—6月，果期6—7月。

**生境：**生于海拔500～2900m的林下湿地或沟边湿地上。

**分布：**广泛分布于鄂西地区。

**濒危等级：**NT。

94. 长叶山兰 *Oreorchis fargesii*（附图4-94）

**形态特征：**假鳞茎椭圆形至近球形，有2～3节，外被撕裂成纤维状的鞘。叶1～2枚，线状披针形或线形，生于假鳞茎顶端，有关节，关节下方由叶柄套叠成假茎状。花葶从假鳞茎侧面发出，直立；总状花序具较密集的花；花苞片卵状披针形；花梗和子房长7～12mm；花常白色并有紫纹；萼片长圆状披针形；花瓣狭卵形至卵状披针形；唇瓣轮廓为长圆状倒卵形，近基部处3裂，基部有长约1mm的爪；侧裂片线形，边缘多少具细缘毛；中裂片近椭圆状倒卵形，上半部边缘多少皱波状，先端有不规则缺刻。蒴果狭椭圆形。

**物候期**:花期5—6月,果期6—8月。

**生境**:生于海拔700~2600m的林下、灌丛中或沟谷旁。

**分布**:神农架林区,恩施州宣恩县、利川市。

**濒危等级**:NT。

95. 山兰 *Oreorchis patens*(附图4-95)

**形态特征**:假鳞茎卵球形至近椭圆形,长1~2cm,具2~3节,外被撕裂成纤维状的鞘。叶1~2枚,四季常绿,生于假鳞茎顶端,线形或狭披针形,长13~30cm,宽1~2cm。花葶从假鳞茎侧面发出,直立,长20~52cm,中下部有2~3枚筒状鞘,总状花序疏生数朵至10余朵花;花唇瓣爪长度约为总长的1/4,唇瓣侧裂片镰状,唇盘纵褶片脊状,花黄褐色至淡黄色,唇瓣白色并有紫斑。蒴果长圆形,长约1.5cm。

**物候期**:花期6—7月,果期9—10月。

**生境**:生于海拔约1500m的林下、林缘、路边灌丛中。

**分布**:恩施州巴东县。

**濒危等级**:NT。

96. 筒距兰 *Tipularia szechuanica*(附图4-96)

**形态特征**:假鳞茎暗紫色,圆柱形,罕为卵状圆锥形,横走,中部常有1节。叶1枚,卵形,先端渐尖,长2~4cm;花黄褐色或棕紫色;中萼片窄长圆状披针形,侧萼片窄长圆状镰形,与中萼片等长,基部贴生蕊柱足形成萼囊;花瓣与萼片等长而较宽,先端锐尖,唇瓣长约1cm,前部3裂,侧裂片淡黄色带紫黑色斑点,三角形,先端内弯,中裂片黄色,横长圆形,先端平截或稍凹缺,唇盘无毛或具短毛,具3条褶片,侧生褶片弧形较高,中间的呈龙骨状。

**物候期**:花期5—7月,果期7—9月。

**生境**:生于海拔580~1900m的常绿阔叶林下或山间溪边。

**分布**:恩施州来凤县。

**濒危等级**:NT。

97. 泽泻虾脊兰 *Calanthe alismaefolia*(附图4-97)

**形态特征**:根状茎不明显;假鳞茎细圆柱形。花期叶全放,椭圆形或卵状椭圆形,两面无毛或疏被毛;叶柄纤细。花葶纤细,约与叶等长,被短毛;苞片宿存,宽卵状披针形,边缘波状;花白色或带淡紫色;萼片近倒卵形,背面被黑褐色糙伏毛;花瓣近菱形,无毛;唇瓣与蕊柱翅合生,前伸,3裂,侧裂片线形或窄长圆形,先端圆钝,两侧裂片间具数个瘤状突起,密被灰色长毛,中裂片扇形,先端近平截,2深裂;距圆筒形,纤细。

**物候期**:花期6—7月,果期7—8月。

**生境**:生于海拔800~1700m的常绿阔叶林下。

**分布**:神农架林区,恩施州宣恩县、鹤峰县。

**濒危等级:**LC。

98. 流苏虾脊兰 *Calanthe alpina*（附图4-98）

**形态特征:**植株高达50cm。假鳞茎窄圆锥形,聚生。花期叶全放,椭圆形或倒卵状椭圆形,先端短尖,两面无毛;具鞘状短柄。苞片宿存,窄披针形,较花梗和子房短,无毛;花无毛,萼片和花瓣白色,先端带绿色或淡紫色,先端芒尖;中萼片近椭圆形,侧萼片卵状披针形;花瓣似萼片,较窄,唇瓣白色,后部黄色,前部具紫红色条纹,与蕊柱中部以下的蕊柱翅合生,半圆状扇形,前缘具流苏,先端稍凹具细尖;距圆筒形,淡黄或淡紫色。

**物候期:**花期6—7月,果期8—9月。

**生境:**生于海拔1500～2500m的山地林下和草坡上。

**分布:**神农架林区。

**濒危等级:**LC。

99. 弧距虾脊兰 *Calanthe arcuata* var. *arcuata*（附图4-99）

**形态特征:**假鳞茎近聚生,圆锥形。叶窄椭圆状披针形,边缘常波状,两面无毛;叶柄短。花葶密被毛,花序疏生约10朵花;苞片宿存,窄披针形,无毛;萼片和花瓣背面黄绿色,内面红褐色,无毛;中萼片窄披针形,侧萼片斜披针形,与中萼片等大;花瓣线形,与萼片等长,较窄,唇瓣白色,先端带紫色,与蕊柱翅合生,3裂,侧裂片近斜卵状三角形,前端边缘有时具齿,中裂片椭圆状菱形,先端芒尖,基部楔形或具爪,边缘波状具不整齐齿。

**物候期:**花期5—6月,果期7—8月。

**生境:**生于海拔1400～2500m的山地林下或山谷覆有薄土层的岩石上。

**分布:**神农架林区、宜昌市五峰县、恩施州巴东县。

**濒危等级:**VU。

100. 肾唇虾脊兰 *Calanthe brevicornu*（附图4-100）

**形态特征:**假鳞茎近聚生,圆锥形,具3～4枚鞘和3～4枚叶。叶在花期未全部展开,椭圆形或倒卵状披针形。花葶高出叶外,被短毛,花序疏生多花;苞片宿存,披针形;萼片和花瓣黄绿色;中萼片长圆形,被毛,侧萼片斜长圆形或近披针形,与中萼片近等大,被毛;花瓣长圆状披针形,较萼片短,具爪,无毛,唇瓣具短爪,与蕊柱翅中部以下合生,3裂,侧萼片镰状长圆形,先端斜截,中裂片近肾形或圆形,具短爪,先端具短尖。

**物候期:**花期5—6月,果期6—8月。

**生境:**生于海拔1600～2700m的山地密林下。

**分布:**神农架林区。

**濒危等级:**LC。

101. 剑叶虾脊兰 *Calanthe davidii*（附图4-101）

**形态特征:**植株聚生。假鳞茎短小,被鞘和叶基所包。花期叶全展开,剑形或带状,长达65cm,两面无毛。花葶远高出叶外,密被短毛;花序密生多花;苞片宿存,反折,窄披针形,背面被毛;花黄绿色、白色或有时带紫色,萼片和花瓣反折;萼片近椭圆形;花瓣窄长圆状倒披针形,与萼片等长,具爪,无毛,唇瓣宽三角形,3裂,侧裂片长圆形、镰状长圆形或卵状三角形,先端斜截或钝,中裂片2裂,裂口具短尖,裂片近长圆形向外叉开,先端斜平截。

**物候期:**花期6—7月,果期7—8月。

**生境:**生于海拔1600~2700m的山地密林下。

**分布:**广泛分布于鄂西地区。

**濒危等级:**LC。

102. 虾脊兰 *Calanthe discolor*(附图4-102)

**形态特征:**假鳞茎聚生,近圆锥形,具3~4枚鞘和3枚叶。叶在花期全部未展开,倒卵状长圆形至椭圆状长圆形,下面被毛。花葶高出叶外,密被毛,花序疏生10余朵花;苞片宿存,卵状披针形;花开展,萼片和花瓣褐紫色;中萼片稍斜椭圆形,背面中部以下被毛,侧萼片与中萼片等大;花瓣近长圆形或倒披针形,无毛;唇瓣白色,扇形,与蕊柱翅合生,与萼片近等长,3裂,侧裂片镰状倒卵形,先端稍向中裂片内弯,中裂片倒卵状楔形,先端深凹。

**物候期:**花期4—5月,果期6—7月。

**生境:**生于海拔100~1500m的常绿阔叶林下。

**分布:**神农架林区、咸宁市赤壁市。

**濒危等级:**LC。

103. 钩距虾脊兰 *Calanthe graciliflora* var. *graciliflora*(附图4-103)

**形态特征:**根状茎不明显,假鳞茎靠近,近卵球形,具3~4枚鞘和3~4枚叶。叶在花期尚未完全展开,椭圆形或椭圆状披针形,两面无毛。花开展,萼片和花瓣背面褐色,内面淡黄色;中萼片近椭圆形,侧萼片近似中萼片较窄;花瓣倒卵状披针形,具短爪,无毛,唇瓣白色,3裂,侧裂片斜卵状楔形,与中裂片近等大,中裂片近方形或倒卵形,先端近平截,稍凹,具短尖;唇盘具4个褐色斑点和3条肉质脊突,延伸至中裂片中部,末端三角形隆起。

**物候期:**花期3—5月,果期5—6月。

**生境:**生于海拔600~1500m的山谷溪边、林下等阴湿处。

**分布:**广泛分布于鄂西地区和鄂东南山地。

**濒危等级:**LC。

104. 叉唇虾脊兰 *Calanthe hancockii*(附图4-104)

**形态特征:**假鳞茎圆锥形,假茎粗壮。花期叶未展开,近椭圆形,下面被毛,边缘波状。花葶高达80cm,密被毛;苞片宿存,窄披针形,无毛;花稍垂头,常具难闻气味;萼片和花瓣黄褐色;中萼片长圆状披针形,背面被毛,侧萼片似中萼片,等长,较窄,背面被毛;花瓣近椭圆形,无毛,唇瓣柠檬黄色,具短爪,与蕊柱翅合生,3裂,侧裂片镰状长圆形,先端斜截,中裂片窄倒卵状长圆形,与侧裂片等宽,先端具短尖;距淡黄色。

**物候期:**花期4—5月,果期5—6月。

**生境:**生于海拔1000~2600m的山地常绿阔叶林下和山谷溪边。

**分布:**恩施州宣恩县。

**濒危等级:**LC。

105. 疏花虾脊兰 *Calanthe henryi*(附图4-105)

**形态特征:**根状茎不明显。假鳞茎近聚生,圆锥形,具2~3枚鞘和2~3枚叶。叶在花期尚未全部展开,椭圆形或倒卵状披针形。花葶远高出叶外,密被毛;花序疏生少数花;苞片宿存,披针形,无毛;花淡黄绿色;中萼片长圆形,先端尖,被毛,侧萼片稍斜长圆形,与中萼片等长较窄,先端尖,被毛;花瓣近椭圆形,先端尖,背面基部常被毛;唇瓣3裂,侧裂片长圆形,伸展,先端斜截;中裂片近长圆形,等长于侧裂片,先端平截,稍凹,具短尖。

**物候期:**花期4—5月,果期6—7月。

**生境:**生于海拔1600~2100m的山地常绿阔叶林下。

**分布:**宜昌市长阳县。

**濒危等级:**VU。

106. 细花虾脊兰 *Calanthe mannii*(附图4-106)

**形态特征:**根状茎不明显,假鳞茎圆锥形。叶在花期尚未展开,折扇状,倒披针形或有时长圆形。花葶长达51cm,密被毛,花序生10余朵花;苞片宿存,披针形,无毛;萼片和花瓣暗褐色,中萼片卵状披针形或长圆形,背面被毛,侧萼片稍斜,卵状披针形,背面被毛;花瓣倒卵形,较萼片小,无毛,唇瓣金黄色,与蕊柱翅合生,3裂,侧裂片斜卵形,中裂片横长圆形,先端稍凹具短尖,边缘稍波状,无毛。

**物候期:**花期4—5月,果期5—6月。

**生境:**生于海拔2000~2400m的山坡林下。

**分布:**神农架林区,恩施州利川市、宣恩县,宜昌市五峰县。

**濒危等级:**LC。

107. 反瓣虾脊兰 *Calanthe reflexa*(附图4-107)

**形态特征:**根状茎不明显,假鳞茎粗短。叶椭圆形,叶柄花期全部展开。花葶高出叶外,被短毛,花序疏生多花;苞片宿存,窄披针形,无毛;花梗纤细,连同子房均无毛;花紫红色,萼片和花瓣反折与子房平行,中萼片卵状披针形,先端尾尖,被毛,侧萼片与中萼片等大,歪斜,先端尾尖,被毛;花瓣线形,无毛,唇瓣基部与蕊柱中部以下的蕊柱翅合生,3裂,侧裂片镰状,中裂片近椭圆形或倒卵状楔形,有齿,无距。

**物候期:**花期5—6月,果期6—8月。

**生境:**生于海拔600～2500m的常绿阔叶林下山谷溪边或生有苔藓的湿石上。

**分布:**恩施州鹤峰县、宣恩县。

**濒危等级:**LC。

## 108. 三棱虾脊兰 *Calanthe tricarinata*(附图4-108)

**形态特征:**根状茎不明显,假鳞茎圆球状。叶纸质,花期尚未展开,椭圆形或倒卵状披针形,下面密被短毛,边缘波状;基部具鞘柄。花葶长达60cm,被短毛;苞片宿存,卵状披针形,无毛;花梗和子房被短毛;花开展,萼片和花瓣淡黄色;中萼片长圆状披针形,背面基部疏生毛,侧萼片与中萼片等大;花瓣倒卵状椭圆形,无毛,唇瓣红褐色,在基部上方3裂,侧裂片耳状或近半圆形,中裂片肾形,先端稍凹,具短尖,边缘深波状,无距。

**物候期:**花期5—6月,果期6—8月。

**生境:**生于海拔1600～3500m的山坡草地上或混交林下。

**分布:**神农架林区、恩施州巴东县、宜昌市五峰县。

**濒危等级:**LC。

## 109. 三褶虾脊兰 *Calanthe triplicata*(附图4-109)

**形态特征:**根状茎不明显,假鳞茎卵状圆柱形。叶椭圆形或椭圆状披针形,边缘常波状。花葶出自叶丛,密被毛,密生多花;苞片宿存,卵状披针形,边缘稍波状;花白色或带淡紫红色,萼片和花瓣常反折;中萼片近椭圆形,被短毛,侧萼片稍斜倒卵状披针形,被短毛;花瓣倒卵状披针形,近先端稍缢缩,先端具细尖,具爪,常被毛;唇瓣与蕊柱翅合生,基部具3～4个金黄色瘤状附属物,4裂,平伸,裂片卵状椭圆形或倒卵状椭圆形;距白色,圆筒形。

**物候期:**花期4—5月,果期5—7月。

**生境:**生于海拔1000～1200m的常绿阔叶林下。

**分布:**神农架林区。

**濒危等级:**LC。

## 110. 无距虾脊兰 *Calanthe tsoongiana*(附图4-110)

**形态特征:**假鳞茎近圆锥形。花期叶未完全展开,叶倒卵状披针形或长圆形,先端渐尖,下面被毛。花葶长达55cm,密生毛;花序长14～16cm,疏生多花;苞片宿存,长约4mm;花淡紫色,萼片长圆形,长约7mm,背面中下部疏生毛;花瓣近匙形,长约6mm,宽约1.7mm,无毛;唇瓣与蕊柱翅合生,长约3mm,3裂,裂片长圆形,近等长,侧裂片较中裂片稍宽,宽约1.3mm,先端圆,中裂片先端平截并凹缺,具细尖;唇盘无褶脊和附属物,无距;蕊柱长约3mm,腹面被毛,蕊喙很小,2裂,药帽先端圆。

**物候期:**花期4—5月,果期6—7月。

**生境:**生于海拔450～1450m的山坡林下、路边和阴湿岩石上。

**分布:**咸宁市通山县。

**濒危等级:**NT。

111. 巫溪虾脊兰 *Calanthe wuxiensis*(附图4-111)

**形态特征:**假鳞茎小,具3鞘。基生叶3~4枚,开花时不发达,叶片纸质,椭圆形,背面无毛,边缘波状。花葶生于叶腋;花淡黄色,唇瓣白色;萼片椭圆形至长圆披针形,背面无毛。花瓣倒卵形椭圆形。唇瓣贴生于柱翅基部,形成筒状,白色,具3深裂;侧裂片矩形,长翅状,先端逐渐扩大;中裂片从中部向后反折,边缘浅裂,在反折部分有3个暗黄色短峰。

**物候期:**花期4—5月,果期5—7月。

**生境:**生长于海拔400~600m的湿润山谷和常绿阔叶林边缘附近。

**分布:**神农架林区。

**濒危等级:**NE。

112. 峨边虾脊兰 *Calanthe yuana*(附图4-112)

**形态特征:**植株高达70cm。无明显的根状茎;假鳞茎聚生,圆锥形。花期叶未放,椭圆形,先端渐尖,下面被毛。花葶高出叶外,密被毛,疏生14朵花;苞片宿存,披针形,无毛;花黄白色;中萼片椭圆形,无毛,侧萼片椭圆形,先端具短尖,无毛;花瓣斜舌形,先端具短尖,具短爪,唇瓣圆状菱形,与蕊柱翅合生,3裂,侧裂片镰状长圆形,基部贴生蕊柱翅外缘,中裂片倒卵形,先端圆钝,稍凹,基部楔形。

**物候期:**花期5月,果期6—7月。

**生境:**生于海拔1800m的常绿阔叶林下。

**分布:**神农架林区、恩施州巴东县。

**濒危等级:**EN。

113. 金唇兰 *Chrysoglossum ornatum*(附图4-113)

**形态特征:**假鳞茎近圆柱形。叶长椭圆形,先端短渐尖,基部下延。总状花序疏生约10朵花;苞片披针形,比花梗和子房短;花绿色带红棕色斑点;中萼片长圆形,先端稍钝,侧萼片镰状长圆形;萼囊圆锥形;花瓣较宽;唇瓣白色带紫色斑点,基部两侧具小耳并伸入萼囊内,3裂;侧裂片直立,卵状三角形,先端圆;中裂片近圆形,凹陷;唇盘具3条褶片,中央1条较短;蕊柱白色,基部扩大;蕊柱翅在蕊柱中部两侧各具1枚倒齿状的臂。

**物候期:**花期4—6月,果期6—7月。

**生境:**生于海拔700~1700m的山坡林下阴湿处。

**分布:**神农架林区。

**濒危等级:**LC。

114. 台湾吻兰 *Collabium formosanum*(附图4-114)

**形态特征:**假鳞茎圆柱形。叶卵状长圆状披针形。总状花序疏生4~9朵花;花苞片狭披针形,先端渐尖;萼片和花瓣绿色,先端内面具红色斑点;中萼片狭长圆状披针形,先端渐尖,具3条脉;侧萼片镰刀状倒披针形,比中萼片稍短而宽,基部贴生于蕊柱足;花瓣相似于侧萼片,具3条脉;唇瓣白色带红色斑点和条纹,近圆形,基部具爪,3裂;侧裂片斜卵形,先端锐尖,上缘具不整齐的齿;中裂片倒卵形,先端近圆形并稍凹入,边缘具不整齐的齿;唇盘在两侧裂之间具2条褶片;褶片下延到唇瓣的爪上;距圆筒状。

**物候期:**花期5—6月,果期6—8月。

**生境:**生于海拔450~1600m的山坡密林下或沟谷林下岩石边。

**分布:**恩施州宣恩县。

**濒危等级:**LC。

### 115. 黄花鹤顶兰 *Phaius flavus*(附图4-115)

**形态特征:**假鳞茎卵状圆锥形。叶长椭圆形或椭圆状披针形,基部收窄成柄,两面无毛,常具黄色斑块。花葶侧生假鳞茎基部或基部以上,粗壮,不高出叶层,稀基部具短分枝,无毛;苞片宿存花柠檬黄色,上举,不甚开展;中萼片长圆状倒卵形,无毛,侧萼片斜长圆形,与中萼片等长,稍窄,无毛;花瓣长圆状倒披针形,与萼片近等长,无毛;唇瓣贴生蕊柱基部,与蕊柱分离,倒卵形,前端3裂,无毛;距白色,末端钝;蕊柱白色,纤细,上端扩大,正面两侧密被白色长柔毛;蕊喙肉质,半圆形;药帽白色,在前端不伸长,先端锐尖;药床宽大;花粉团卵形,近等大。

**物候期:**花期4—5月,果期5—7月。

**生境:**生于海拔300~2100m的山坡林下阴湿处。

**分布:**恩施州鹤峰县、宜昌市五峰县。

**濒危等级:**LC。

### 116. 带唇兰 *Tainia dunnii*(附图4-116)

**形态特征:**假鳞茎暗紫色,圆柱形,罕为卵状圆锥形,下半部常较粗,被膜质鞘,顶生1枚叶。叶窄长圆形,先端渐尖,叶柄长2~6cm。花黄褐色或棕紫色;中萼片窄长圆状披针形,侧萼片窄长圆状镰形,与中萼片等长,基部贴生蕊柱足形成萼囊;花瓣与萼片等长而较宽,先端锐尖,唇瓣长约1cm,前部3裂,侧裂片淡黄色带紫黑色斑点,三角形,先端内弯,中裂片黄色,横长圆形,先端平截或稍凹缺,唇盘无毛或具短毛,具3条褶片,侧生褶片弧形较高,中间的呈龙骨状。

**物候期:**花期3—4月,果期4—6月。

**生境:**生于海拔580~1900m的常绿阔叶林下或山间溪边。

**分布:**恩施州利川市、来凤县,咸宁市通山县。

**濒危等级:**NT。

### 117. 高山蛤兰 *Conchidium japonicum*(附图4-117)

**形态特征:**假鳞茎密集,长卵形,具1~2枚膜质叶鞘,顶端具2枚叶。叶长椭圆形或线形,先端渐尖,基部收狭,具4~5条主脉。花序1个,着生于叶的内侧,纤细,有毛,具1~4朵花;

花苞片卵形，先端锐尖；花梗被毛；花白色；中萼片窄椭圆形，先端钝；侧萼片卵形，偏斜，先端锐尖；花瓣椭圆状披针形，近等长于中萼片，先端圆钝；唇瓣轮廓近倒卵形，基部收狭成爪状，3裂；侧裂片直立，三角形，先端锐尖；中裂片近四方形，肉质，先端近平截，中间稍有凹缺。

**物候期**：花期6—7月，果期7—9月。

**生境**：生于海拔700～900m的岩壁上。

**分布**：恩施州利川市。

**濒危等级**：LC。

118. 台湾盆距兰 *Gastrochilus formosanus*（附图4-118）

**形态特征**：茎常匍匐，长达37cm，粗约2mm。叶长圆形或椭圆形，长2～2.5cm，宽3～7mm，先端尖。伞形总状花序，具2～3朵花，花序梗长1～1.5cm；花淡黄色带紫红色斑点；中萼片椭圆形，长4.8～5.5mm，侧萼片斜长圆形，与中萼片等大，花瓣倒卵形，长4～5mm，前唇白色，宽三角形或近半圆形，长2.2～3.2mm，宽7～9mm，先端近平截或圆钝，全缘或稍波状，上面垫状物黄色，密被乳突状毛，后唇近杯状，长5mm，上端口缘与前唇近同一水平面。

**物候期**：花果期不定。

**生境**：生于海拔500～2500m的山地林中树干上。

**分布**：恩施州宣恩县、利川市，黄冈市罗田县，神农架林区。

**濒危等级**：NT。

119. 短距槽舌兰 *Holcoglossum flavescens*（附图4-119）

**形态特征**：茎缩短，具数枚密生的叶。叶半圆柱形或带状，稍V形对折，斜立而外弯，近轴面具宽浅凹槽。花开展，萼片和花瓣白色；中萼片椭圆形，侧萼片斜长圆形，与中萼片等大；花瓣椭圆形，唇瓣白色，3裂，侧裂片卵状三角形，内面具红色条纹，中裂片宽卵状菱形，先端圆钝或有时稍凹缺，边缘波状，基部具1个宽卵状三角形的黄色胼胝体，中央凹下，两侧呈脊突状隆起；距角状，前弯。

**物候期**：花期5—6月，果期6—8月。

**生境**：生于海拔1200～2000m的常绿阔叶林中树干上。

**分布**：恩施州利川市。

**濒危等级**：VU。

120. 纤叶钗子股 *Luisia hancockii*（附图4-120）

**形态特征**：茎长达20m，径3～4mm。叶疏生，肉质，长5～9mm，径2～2.5mm。花序长1～1.5cm，花序梗粗，具2～3朵花；花梗和子房长1～2cm；花质厚，开展，萼片和花瓣黄绿色，先端钝；中萼片倒卵状长圆形，长约6mm，侧萼片长圆形，对折，长约7mm，背面龙骨状，中肋近先端处呈翅状；花瓣稍斜长圆形，长约6mm，唇瓣近卵状长圆形，长约7mm，前后唇不明显；后唇稍凹，基部两侧具圆耳，前唇紫色，先端凹缺，边缘波状或具圆齿，上面具

4条带疣状突起的纵脊;药帽前端稍伸长呈翘起的三角形;花粉团近球形。蒴果圆柱形。

**物候期:**花期5—6月,果期6—8月。

**生境:**生于海拔约200m或更高的山谷崖壁上或山地疏生林中树干上。

**分布:**宜昌市兴山县。

**濒危等级:**LC。

121. 蜈蚣兰 *Pelatantheria scolopendrifolia*(附图4-121)

**形态特征:**植物体匍匐。茎细长,多节,具分枝。叶革质,2裂互生,彼此疏离,基部具长约5mm的叶鞘。花序侧生,常比叶短;花序柄纤细,基部被1枚宽卵形的膜质鞘,总状花序具1~2朵花;花苞片卵形,先端稍钝;花梗和子房长约3mm;花质地薄,开展,萼片和花瓣浅肉色;花瓣近长圆形,具1条脉;唇瓣白色带黄色斑点,3裂;侧裂片直立,近三角形,基部中央具1条通向距内的褶脊;距近球形,末端凹入,内面背壁上方的胼胝体3裂;侧裂片角状,下弯中裂片基部2裂呈马蹄状,其下部密被细乳突状毛;蕊柱粗短,上端扩大,基部具短的蕊柱足;蕊喙2裂,裂片近方形。

**物候期:**花期4—5月,果期5—7月。

**生境:**生于海拔450~1800m的山坡常绿阔叶林下沟谷、路旁灌木丛下或山坡草地上。

**分布:**黄冈市英山县、武汉市黄陂区。

**濒危等级:**LC。

122. 东亚蝴蝶兰 *Phalaenopsis subparishii*(附图4-122)

**形态特征:**茎长1~2cm,具扁平、长而弯曲的根。叶近基生,长圆形或倒卵状披针形。花序长达10cm;花有香气,稍肉质,开展,黄绿色带淡褐色斑点;中萼片近长圆形,先端细尖而下弯,背面中肋翅状,侧萼片与中萼片相似较窄,背面中肋翅状;花瓣近椭圆形,先端尖,唇瓣3裂,与蕊柱足形成活动关节,侧裂片半圆形,稍有齿;中裂片肉质,窄长圆形,背面近先端具喙状突起,上面具褶片,全缘;距角状,距口前方具圆锥形胼胝体;蕊柱长约1cm,蕊柱足几不可见;蕊柱翅向蕊柱顶端延伸为蕊柱齿;蕊喙伸长,下弯,2裂,裂片长条形;药帽前端收窄;粘盘柄扁线形,常对折,向基部渐狭,粘盘近圆形。

**物候期:**花期4—5月,果期5—7月。

**生境:**生于海拔300~1100m的山坡林中树干上。

**分布:**宜昌市五峰县、恩施州宣恩县。

**濒危等级:**EN。

123. 带叶兰 *Taeniophyllum glandulosum*(附图4-123)

**形态特征:**植物体小,无绿叶,具发达的根;根多,簇生,稍扁而弯曲,伸展呈蜘蛛状着生于树干表皮。茎几无,被多数褐色鳞片。总状花序1~4个,直立,具1~4朵小花;花序柄和花序轴纤细,黄绿色;花苞片2裂,质地厚,卵状披针形,先端近锐尖;花梗和子房长1.5~2mm;

花黄绿色,很小,萼片和花瓣在中部以下合生成筒状,上部离生;中萼片卵状披针形,上部稍外折,先端近锐尖,在背面中肋呈龙骨状隆起;侧萼片相似于中萼片,近等大,背面具龙骨状的中肋;花瓣卵形,先端锐尖;唇瓣卵状披针形,向先端渐尖,先端具1个倒钩的刺状附属物,基部两侧上举而稍内卷;距短,囊袋状,末端圆钝,距口前缘具1个肉质横隔;蕊柱长约0.5mm,具1对斜举的蕊柱臂;药帽半球形,前端不伸长,具凹缺刻。蒴果椭圆状圆柱形。

**物候期:**花期4—7月,果期5—8月。

**生境:**生于海拔480~800m的山地林中树干上。

**分布:**宜昌市五峰县。

**濒危等级:**LC。

124. 小叶白点兰 *Thrixspermum japonicum*(附图4-124)

**形态特征:**茎纤细,具多叶。叶薄革质,长圆形或倒卵状披针形,先端钝,微2裂。花序对生于叶,多少等长于叶;花序柄纤细,被2枚鞘;花序轴长3~5mm,不增粗,疏生少数花;花苞片疏离、2裂,宽卵状三角形,先端钝尖;花梗和子房长约5mm;花淡黄色;中萼片长圆形,先端钝,具3条脉;侧萼片卵状披针形,与中萼片等长而稍较宽,先端钝,具3条脉;花瓣狭长圆形,先端钝,具1条脉;唇瓣基部具长约1mm的爪,3裂;侧裂片近直立而向前弯曲,狭卵状长圆形,上端圆形;中裂片很小,半圆形,肉质,背面多少呈圆锥状隆起。

**物候期:**花期5—7月,果期7—9月。

**生境:**生于海拔900~1000m的沟谷、河岸的林缘树枝上。

**分布:**宜昌市五峰县、恩施州宣恩县。

**濒危等级:**VU。

125. 短距风兰 *Vanda richardsiana*(附图4-125)

**形态特征:**植株簇生。茎长约1.5cm,被宿存而对折的叶鞘所包。叶2裂互生,向外弯,V形对折,先端稍斜2裂,基部彼此套叠。总状花序密生少数花,长约8mm的花序柄;花苞片干膜质,卵形并向上凹;花梗和子房长约5cm;花白色,无香气,萼片和花瓣基部以及子房顶端淡粉红色;中萼片长圆形,先端短尖;侧萼片斜长圆状倒披针形,基部具短爪,先端翘起,背面中肋隆起;花瓣斜长圆形,先端钝;唇瓣3裂,侧裂片斜倒披针形;中裂片舌形,先端钝,稍下弯,基部具1个胼胝体;距弧曲;蕊柱粗短。蒴果具6个肋。

**物候期:**花期4—6月,果期6—7月。

**生境:**生于海拔900~1700m的山地或岩壁上。

**分布:**宜昌市五峰县、恩施州利川市。

**濒危等级:**CR。

# 第四章

# 湖北省野生兰科植物新发现

## 第一节　湖北省野生兰科植物新发现

本次湖北省野生兰科植物资源补充调查周期为2020—2021年，期间野外调查发现的湖北省兰科植物共计138种，经过野外考察和标本采集，经标本鉴定及查阅相关文献，发现其中有13属18种兰科植物在湖北省无详细分布记录或报道，故确定为湖北省兰科植物新分布。此外，补充2022—2023年间龚仁虎等(2022)在湖北省发现的兰科4个新记录种和晏启等(2023)在湖北省发现的兰科4个新记录种，新增的8个新记录种与本项目调查到的新记录种有5个重复，因此最后增加3个新记录种，至此，湖北省兰科新记录达13属21种。

21个新记录种分别为日本对叶兰[*Neottia japonica* (Blume) Szlachetko]、雅长无叶兰(*Aphyllorchis yachangensis* Ying Qin & Yan Liu)、短葶卷瓣兰(*Bulbophyllum brevipedunculatume* G. Y. Li ex H. L. Lin et X. P. Li)、河南卷瓣兰(*Bulbophyllum henanense* J. L. Lu)、叉唇虾脊兰(*Calanthe hancockii* Rolfe)、无距虾脊兰(*Calanthe tsoongiana* T. Tang et F. T. Wang)、巫溪虾脊兰(*Calanthe wuxiensis* H. P. Deng & F. Q. Yu)、歌绿斑叶兰(*Goodyera seikoomontana* Yamamoto)、多叶斑叶兰[*Goodyera foliosa*(Lindl.)Benth. ex Clarke]、小小斑叶兰(*Goodyera yangmeishanensis* T. P. Lin)、高山蛤兰[*Conchidium japonicum* (Maximowicz) S. C. Chen & J. J. Wood]、无叶杜鹃兰(*Cremastra aphylla* T.Yukawa)、大根兰(*Cymbidium macrorhizon* Lindl.)、齿突羊耳蒜(*Liparis rostrata* Rchb. F.)、裂瓣羊耳蒜(*Liparis platyrachis* Hook. f.)、黄花羊耳蒜(*Liparis luteola* Lindl.)、小沼兰[*Oberonioides microtatantha* (Schlechter) Szlachetko]、西南齿唇兰(*Odontochilus elwesii* C. B. Clarke ex Hook. f.)、旗唇兰[*Kuhlhasseltia yakushimensis* (Yamamoto) Ormerod]、贵州菱兰(*Rhomboda fanjingensis* Ormerod)、短距风兰(*Neofinetia richardsiana* Christenson)。其中有5个属为湖北省新记录属，分别是无叶兰属(*Aphyllorchis* Bl.)、蛤兰属(*Conchidium* Griff.)、齿唇兰属(*Odontochilus* Blume)、菱兰属(*Rhomboda* Lindl.)和小沼兰属(*Oberonioides* Szlachetko)。湖北省兰科植物分布新记录种信息见表4-1。

此外，我们还发现有1个疑似新种——竹溪舌喙兰(*Hemipilia zhuxiensis* Hong Liu)。

表 4-1 湖北省兰科植物分布新记录种

| 序号 | 属名 | 种名 | 分布位置 | 海拔/m |
|---|---|---|---|---|
| 1 | 无叶兰属 *Aphyllorchis* | 雅长无叶兰 *Aphyllorchis gollanii* | 宣恩县 | 1668.7 |
| 2 | 石豆兰属 *Bulbophyllum* | 短葶卷瓣兰 *Bulbophyllum brevipedunculatume* | 宣恩县 | 1428.8 |
| 3 | | 河南卷瓣兰 *Bulbophyllum henanense* | 五峰县 | 750 |
| 4 | 虾脊兰属 *Calanthe* | 叉唇虾脊兰 *Calanthe hancockii* | 宣恩县 | 1140 |
| 5 | | 无距虾脊兰 *Calanthe tsoongiana* | 通山县 | 206.4 |
| 6 | | 巫溪虾脊兰 *Calanthe wuxiensis* | 神农架林区 | 2189.9 |
| 7 | 蛤兰属 *Conchidium* | 高山蛤兰 *Conchidium japonicum* | 利川市 | 1168 |
| 8 | 杜鹃兰属 *Cremastra* | 无叶杜鹃兰 *Cremastra aphylla* | 五峰县 | 1668.7 |
| 9 | 兰属 *Cymbidium* | 大根兰 *Cymbidium macrorhizon* | 五峰县 | 1230.5 |
| 10 | 斑叶兰属 *Goodyera* | 歌绿斑叶兰 *Goodyera seikoomontana* | 通山县 | 366.9 |
| 11 | | 多叶斑叶兰 *Goodyera foliosa* | 神农架林区 | 468 |
| 12 | | 小小斑叶兰 *Goodyera yangmeishanensis* | 通山县 | 615 |
| 13 | 羊耳蒜属 *Liparis* | 齿突羊耳蒜 *Liparis rostrata* | 利川市 | 1436.4 |
| 14 | | 裂瓣羊耳蒜 *Liparis platyrachis* | 五峰县 | 803.7 |
| 15 | | 黄花羊耳蒜 Liparis luteola | 五峰县 | 668.2 |
| 16 | 鸟巢兰属 *Neottia* | 日本对叶兰 *Neottia japonica* | 通山县 | 423.4 |
| 17 | 小沼兰属 *Oberonioides* | 小沼兰 *Oberonioides microtatantha* | 通山县 | 410.7 |
| 18 | 齿唇兰属 *Odontochilus* | 西南齿唇兰 *Odontochilus elwesii* | 宣恩县 | 848.5 |
| 19 | | 旗唇兰 *Odontochilus yakushimensis* | 宣恩县 | 1283.6 |
| 20 | 菱兰属 *Rhomboda* | 贵州菱兰 *Rhomboda moulmeinensis* | 五峰县 | 619.6 |
| 21 | 万代兰属 *Vanda* | 短距风兰 *Vanda richardsiana* | 五峰县 | 809.9 |

# 第二节　兰科植物湖北省分布新记录

## 1. 雅长无叶兰 *Aphyllorchis yachangensis* Ying Qin & Yan Liu（图 4-1）

**无叶兰属（*Aphyllorchis*）**

Journal of PhytoKeys，179：91—97（2021）.

**形态特征：**腐生，高 107～113cm。根茎长约 10.8cm，直径 4.9～6.2mm，密节；节间长 2.4～12mm；茎黄绿色，通常有许多深紫色条纹和斑点，最上面的鞘披针形；其他鞘管状。总状花序顶生；花黄绿色，通常具许多深紫色的条纹和斑点；苞片披针形，黄绿色，背面常有许多深紫色条纹和斑点，疏生腺被微柔毛；萼片黄绿色，通常具许多深紫色的条纹和斑点在背面，背面疏生腺被微柔毛；中萼片披针形，先端锐尖，反折；侧萼片披针形，基部稍斜，先端锐尖，反折；花瓣披针形，黄绿色，基部浅紫色至深紫色，先端锐尖。花期 6 月底到 7 月。

**原分布记录：**广西壮族自治区百色市乐业县雅长兰花国家级自然保护区。分布在亚热带常绿落叶阔叶混交林。

**湖北省新记录：**恩施州宣恩县。

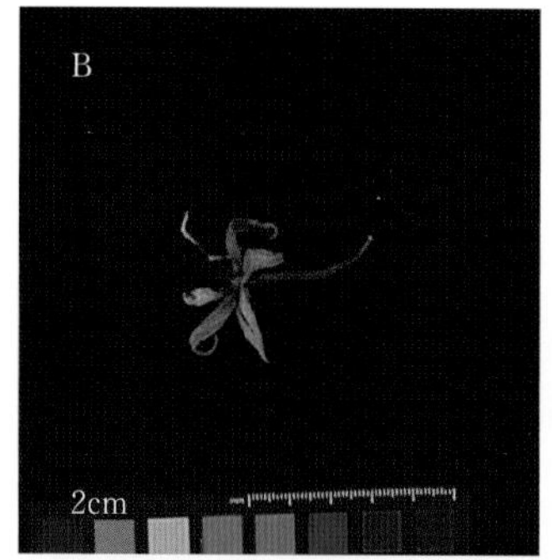


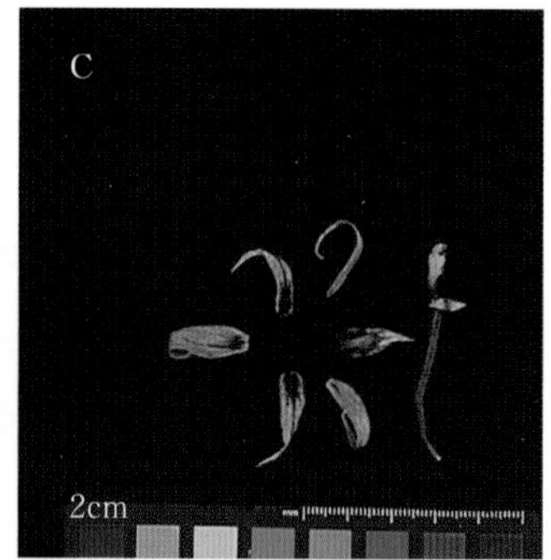

图 4-1　**大花无叶兰**

A 开花的植株；B 花侧面观；C 花解剖；D 花背面观

### 2. 短葶卷瓣兰 *Bulbophyllum brevipedunculatum* T. C. Hsu & S. W. Chung（图4-2）

**石豆兰属（*Bulbophyllum*）**

Journal of Zhejiang A & F University，2014，31(6)：847－849.

**形态特征：**全体无毛。假鳞茎卵球形，在根状茎上分离着生，顶生一叶。叶片硬革质，长圆形，先端圆钝且微凹。花葶从假鳞茎基部抽出，光滑细长，远长于叶片；伞房状花序有4～5朵花；花橙色；中萼片卵状披针形，边缘密生腺毛，先端渐尖，具3脉，2枚侧萼片中上部内卷成筒状并靠拢，直伸或稍弯曲，全缘，先端钝尖；花瓣橙色，椭圆形，先端钝圆，基部截形，具白色缘毛；唇瓣厚舌状，肉质，橙红色，基部弯曲，与蕊柱足相连；蕊柱半圆柱形。花期5－6月。

**原分布记录：**台湾省宜兰县。

**湖北省新记录：**恩施州宣恩县，这是首次在除模式产地以外的地区发现。

图4-2 **短葶卷瓣兰**

**A附生于弯尖杜鹃树干；B附生于岩壁；C丛生的植株；D花；E花的解剖结构；F单株植株**

### 3. 河南卷瓣兰 *Bulbophyllum henanense* J. L. Lu

**石豆兰属（*Bulbophyllum*）**

Bull. Bot. Res., Harbin. 12：331. 1992；Flora of China，25：404－440. 2009.

**形态特征：**营养体形态与莲花卷瓣兰、斑唇卷瓣兰等相似，但该种花葶短，与假鳞茎近等长；花序伞形，具2朵花；萼片黄色；中萼片先端钝，背面基部和边缘具长柔毛；侧萼片线状长圆形，舟状，先端稍钝，内侧边缘除顶端外均贴合在一起；花瓣边缘具长柔毛等形态特征而与属内其他种类不同。

**原分布记录：**河南省、陕西省。中国特有种，模式标本采自河南省。

**湖北省新记录：**宜昌市五峰县，凭证标本保存于五峰兰科植物省级自然保护区标本馆（晏启等，2023）。

### 4. 叉唇虾脊兰 *Calanthe hancockii* Rolfe（图 4-3）

**虾脊兰属（*Calanthe*）**

Kew Bull. 197. 1896, et J. Linn. Soc. Bot. 36: 25. 1903; Schltr. in Fedde Repert. Sp. Nov. Beih. 4: 237. 1919; S. Y. Hu in Quart. J. Taiwan Mus. 25 (3, 4): 202. 1972.

**形态特征：**假鳞茎聚生。叶近椭圆形，下面被毛，边缘波状。花葶高达80cm，密被毛，花序疏生少数至20余朵花；花稍垂头；萼片和花瓣黄褐色；花瓣近椭圆形，无毛，唇瓣柠檬黄色，具短爪，与蕊柱翅合生，唇盘具3条波状褶片；距淡黄色，纤细。花期4—5月。

**原分布记录：**广西壮族自治区北部、四川省和云南省。生于海拔1000~2600m的山地常绿阔叶林下和山谷溪边。

**湖北省新记录：**恩施州宣恩县。

图 4-3　**叉唇虾脊兰**

**A 开花的植株；　B 花；　C 花距**

### 5. 无距虾脊兰 *Calanthe tsoongiana* T. Tang et F. T. Wang（图 4-4）

**虾脊兰属（*Calanthe*）**

Acta Phytotax. 1(1): 45. 1951; S. Y. Hu in Quart. J. Taiwan Mus. 25 (3, 4): 207. 1972.

**形态特征：**假鳞茎近圆锥形，具2~3枚叶。叶在花期未全部展开，长圆形，背面被短毛；

叶柄不明显。花葶出自当年的叶丛中，直立；总状花序疏生许多小花；花梗和子房被短毛，子房稍弧曲；花淡紫色；萼片相似，长圆形，具5~6条脉；花瓣近匙形，具3条脉，无毛；唇瓣基部合生于整个蕊柱翅上，基部上方3深裂；唇盘上无褶片和其他附属物，无距；蕊柱粗短，上部扩大；蕊喙小，2裂。花期4—5月。

**原分布记录：**浙江省、江西省、福建省、贵州省。生于海拔450~1450m的山坡林下。

**湖北省新记录：**咸宁市通山县。

图4-4 **无距虾脊兰**

A开花的植株； B花侧面观； C花正面观； D花序； E叶

6. 巫溪虾脊兰 *Calanthe wuxiensis* H. P. Deng & F. Q. Yu（图4-5）

**虾脊兰属（*Calanthe*）**

Phytotaxa, 317(2): 152—156. 2017.

**形态特征：**假鳞茎小，具3鞘。基生叶3~4枚，开花时不发达，叶片纸质，椭圆形，背面无毛，边缘波状。花葶生于叶腋；花淡黄色，唇瓣白色；萼片椭圆形至长圆披针形，背面无毛；花瓣倒卵形椭圆形；唇瓣贴生于柱翅基部，形成筒状，白色，具3深裂；侧裂片矩形，长翅状，先端逐渐扩大；中裂片从中部向后反折，边缘浅裂，在反折部分有3个暗黄色短峰。花期5月。

**原分布记录：**本种为2017年于重庆市巫溪县阴条岭国家级自然保护区发现的虾脊兰属新种，模式标本存于西南大学标本馆。

**湖北省新记录：**神农架林区。

图4-5　**巫溪虾脊兰**

**A开花的植株；B花；C花的解剖图**

7. 高山蛤兰 *Conchidium japonicum*（Maximowicz）S. C. Chen & J. J. Wood（图4-6）

**蛤兰属（*Conchidium*）**

Eria reptans (Franch. et Sav.) Makino in Bot. Mag. Tokyo. 15: 128. 1905; Garay et Sweet.

Orch. South. Ryukyu Isl. 111. fig. 12：(c, d). 1974；台湾植物志 5：987. 图 1592. 1978；台湾兰科植物 2：162－164（图）. 1988；台湾兰科植物彩色图鉴 2：506. 1990. ——Dendrobium reptans Franch. et Sav., Enum. Pl. Jap. 2：510. 1879. ——Eria japonica Maxim. in Bull. Acad. Sci. St. Petersb. 31：103. 1887. ——E. arisanensis Hayata, Icon. Pl. Formos. 4：54. t. 12. 1912. ——E. matsudai Hayata, l. c. 9：110. 1920.

**形态特征：**假鳞茎密集，长卵形，具1～2枚膜质叶鞘。叶长椭圆形或线形，先端渐尖，基部收狭，具4～5条主脉。花序1个，着生于叶的内侧，纤细，有毛，具1～4朵花；花白色，花苞片卵形；中萼片窄椭圆形，先端钝；侧萼片卵形，先端锐尖，基部与蕊柱足合生成萼囊；花瓣椭圆状披针形，近等长于中萼片，先端圆钝；唇瓣轮廓近倒卵形，基部收狭成爪状，3裂；侧裂片直立，三角形，先端锐尖；中裂片近四方形，肉质，先端近平截，中间稍有凹缺；唇盘基部发出3条褶片，中间1条延伸到中裂片近先端处，侧生的褶片延伸到中裂片近基部。花期6月。

**原分布记录：**安徽省南部(青阳县、九华山)、浙江省、福建省西部至北部(武夷山、上杭县)、台湾省和贵州省。生于海拔700～900m的岩壁上，在台湾省海拔可达1400～2500m，生于林中树干上。日本也有分布(模式标本产地)。

**湖北省新记录：**恩施州利川市。

图4-6 **高山蛤兰**

A－B **假鳞茎**； C **开花的植株**

## 8. 无叶杜鹃兰 *Cremastra aphylla* T. Yukawa（图 4-7）

**杜鹃兰属（*Cremastra*）**

Journal of Ann. Tsukuba Bot. Gard. 18：59（1999）；Iwatsuki，K.，Boufford，D.E. & Ohba，H.（2016）. Flora of Japan IVb：1—335. Kodansha Ltd.，Tokyo；Govaerts，R.（2003）. World Checklist of Monocotyledons Database in ACCESS：1—71827. The Board of Trustees of the Royal Botanic Gardens，Kew.

**形态特征：**陆生植物，高达45cm。根少，从球茎基部发出，纤维状，长达2.3cm，根状茎丛生。伞形花序，具5～12朵花，部分被一些管状的褐色鞘，深褐色至紫色；花苞片斜披针形，钝，长约17mm，宽约3.0mm。花无毛，不开宽，二裂，下垂；花被裂片的花梗子房和背面深棕紫色；花被裂片的正面棕紫色具深色斑纹；唇瓣发白；有花梗，子房圆柱状，反折，长达18mm；中萼片钝，5脉，侧萼片镰刀状。花期6—7月。

**原分布记录：**湖南省湘西土家族苗族自治州龙山县大安乡。

**湖北省新记录：**宜昌市五峰县。

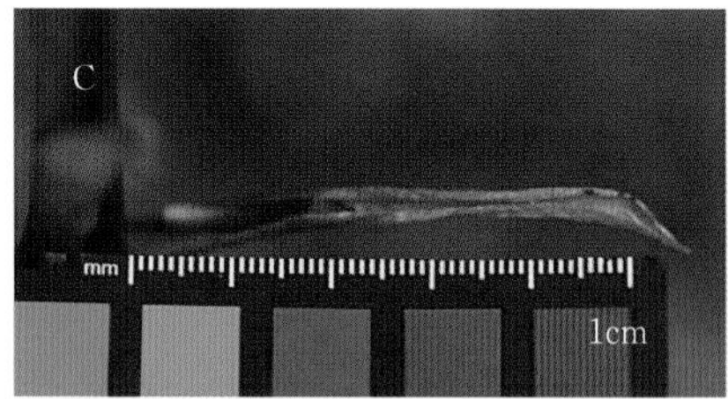

图 4-7　**无叶杜鹃兰**

**A 花序；　B 开花的植株；　C 花苞片；　D 花苞**

## 9. 大根兰 *Cymbidium macrorhizon* Lindl.（图 4-8）

**兰属（*Cymbidium*）**

Gen. Sp. Orch. Pl. 162. 1833；——Cymbidium aphyllum Ames et Schltr. in Fedde Repert. Sp. Nov. Beih. 4：73. 1919，non(Roxb.) Sw (1799).——Pachyrhizanthe aphyllum (Ames et Schltr.) Nakai in Bot. Mag. Tokyo 45：109. 1931.——Pachyrhizanthe mecrorhizon (Lindl.) Nakai，l. c.——Cymbidium szechuanensis S. Y. Hu in Quart. J. Taiwan Mus. 26 (1,2)：140. 1973.

**形态特征：**腐生植物。无假鳞茎，地下有根状茎；根状茎肉质，白色，斜生或近直立，常分枝，具不规则疣状突起。花葶直立，紫红色，长11～18cm或更长，中部以下具数枚圆筒状的鞘；总状花序具2～5朵花；花苞片线状披针形；花梗和子房长2～2.5cm；花白色带黄色至淡黄色，萼片与花瓣常有1条紫红色纵带，唇瓣上有紫红色斑；萼片狭倒卵状长圆形；花瓣狭椭圆形；唇瓣近卵形，略3裂；唇盘上2条纵褶片从基部延伸至中裂片基部；蕊柱稍向前弯曲，两侧具狭翅。花期6—8月。

**原分布记录：**四川省西南部至南部（米易县、美姑县、南川区）、贵州省西南部（兴义市）和云南东北部（东川区）。生于海拔700～1500m的河边林下、马尾松林缘或开旷山坡上。

**湖北省新记录：**宜昌市五峰县。

图4-8 **大根兰**

**A开花的植株； B花序； C根状茎； D花**

## 10. 歌绿斑叶兰 *Goodyera seikoomontana* Yamamoto（图 4-9）

**斑叶兰属（*Goodyera*）**

Yamamoto in J. Soc. Trop. Agr. 4：187. 1932；Goodyera viridiflora acut. non Bl. T. S. Lu et H. J. Su in Fl. Taiwan 5：1016. 1978.

**形态特征：**植株高15～18cm。根状茎伸长，茎状，匍匐，具节；茎直立，绿色，具3～5枚叶。叶片椭圆形或长圆状卵形，长4～6cm，宽2～2.5cm，颇厚，绿色，叶面平坦，具3条脉，先端急尖或渐尖，基部近圆形，骤狭成柄；叶柄和鞘长1～3.5cm。花茎长8～9cm；总状花序具1～3朵花。花期2月。

**原分布记录：**台湾省南部、广东省、广西壮族自治区。生于海拔700～1300m的林下。

**湖北省新记录：**咸宁市通山县。

图4-9　**歌绿斑叶兰**

**A营养期植株；　B叶；　C茎**

### 11. 多叶斑叶兰 *Goodyera foliosa* (Lindl.) Benth. ex Clarke

**斑叶兰属(*Goodyera*)**

Goodyera foliosa (Lindl.) Benth. ex Clarke in J. Linn. Soc. Bot. 25: 73. 1889; Seidenf. in Dansk Bot. Ark. 32(2): 29, fig. 2. 1978, et in Opera Bot. 114: 29. 1992.

**形态特征:**植株高15～25cm。根状茎伸长,茎状,匍匐,具节;茎直立,有4～6枚叶。叶片卵形,叶面无斑纹而仅叶脉呈淡黄色。花序直立,总梗较短,花密集而偏向一侧,花白色带粉红色;花瓣与中萼片合生呈兜状,唇瓣基部凹陷呈囊状,前部无褶片。

**原分布记录:**福建省、台湾省、广东省、广西壮族自治区、四川省、云南省西部至东南部、西藏自治区东南部(墨脱县)。生于海拔300～1500m的林下或沟谷阴湿处。

**湖北省新记录:**神农架林区(龚仁虎 等,2022)。

### 12. 小小斑叶兰 *Goodyera yangmeishanensis* T. P. Lin

**斑叶兰属(*Goodyera*)**

Native Orchids Taiwan. 2: 173. 1977; Goodyera shixingensis K. Y. Lang in Acta Phytotax. Sin. 34(6): 636, fig. 2. 1996;中国植物志 17: 138. 1999; Flora of China 25: 45—54. 2009.

**形态特征:**营养体形态与金线兰属相似,常当作金线兰利用,但该种叶疏生,花部形态与金线兰属差异较大。在属内,该种在形态上与始兴斑叶兰(*G. shixingensis* K. Y. Lang)和白网脉斑叶兰(*G. hachijoensis* Yatabe)相似,2007年,田怀珍和邢福武对始兴斑叶兰进行了订正,证实始兴斑叶兰应为小小斑叶兰的异名。与白网脉斑叶兰相比,该种中萼片椭圆形;花瓣斜菱状倒披针形,前部边缘具不规则的细锯齿或全缘;花苞片基部边缘具细锯齿可与之区分。另外,据观察,本次调查到的居群,叶片上面沿中肋密被白色粗网纹,花葶密生短柔毛,部分个体花苞片下部具粗齿等特征。

**原分布记录:**广东省、云南省、台湾省、湖南省、江西省。中国特有种,模式标本采自台湾省。

**湖北省新记录:**咸宁市通山县(晏启 等,2023)。

### 13. 齿突羊耳蒜 *Liparis rostrata* Rchb. f. (图4-10)

**羊耳蒜属(*Liparis*)**

Linnaea 41: 44. 1877; Hook. f. in Hook. Icon. Pl. 19: t. 1813. 1889; H. Hara et al., Enum. Flow. Pl. Nepal 1: 48. 1978; Liparis diodon Rchb. f. in Linnaea 41: 43. 1877.

**形态特征:**假鳞茎卵形,外被白色的薄膜质鞘。叶卵形,膜质或草质,全缘,基部收狭并下延成鞘状柄,围抱花葶下部。总状花序具数朵花;花绿色或黄绿色;花瓣丝状或狭线形;唇瓣近倒卵形,先端具短尖,边缘有不规则齿,基部收狭,无胼胝体;蕊柱稍向前弯曲,顶端有翅。花期7月。

**原分布记录:**西藏自治区南部。生于海拔约2650m的沟边铁杉林下石上覆土中。

**湖北省新记录:**恩施州利川市。

图4-10　**齿突羊耳蒜**

A **开花植株**；　B **花正面**；　C **花侧面**；　D **去年的果荚**；　E **假鳞茎**

## 14. 裂瓣羊耳蒜 *Liparis fissipetala* Finet（图4-11）

**羊耳蒜属（*Liparis*）**

Liparis fissipetala Finet in Bull. Soc. Bot. France 55：340. Pl. 11（fig. 1—12）. 1908；Schltr. in Fedde Repert. Sp. Nov. Beih. 4：197. 1919；S. Y. Hu in Quart. J. Taiwan Mus. 27（3，4）：420. 1974；Seidenf. in Dansk Bot. Ark. 31（1）：86. fig. 57. 1976.

**形态特征**：附生草本。假鳞茎密集，纺锤形或狭卵形，长约8mm，宽1～2mm，上部具4枚叶，其中2枚顶生。叶狭倒卵形或倒披针状长圆形，长0.8～1.6cm，宽约3mm，先端浑圆并具短尖，极少近短尾状，边缘皱波状，基部收狭成短柄，有关节；叶柄长3～5mm。花葶长5～7cm，近无翅，靠近花序下方有1～3枚不育苞片；总状花序疏生数朵或10余朵花；花苞片绿色，卵状披针形，长2～2.5mm；花梗和子房长4～5mm；花黄色；中萼片长圆状披针形，长2.5～3.5mm，先端急尖，具1条脉；侧萼片近长圆形或卵状长圆形，内缘从中部以下合生成合萼片；合萼片卵状长圆形，较中萼片短而宽；花瓣狭线形，长约4mm，先端2深裂；裂片略叉开，长0.7～1mm；唇瓣全长1.5～2mm，由前唇与爪组成；前唇长圆形，先端微凹，基部两侧有耳；爪宽线形，长0.5～0.8mm，与前唇连接处有1个横向的和1个斜向的褶片状胼胝体；蕊柱直立，长约1.5mm，上部两侧有近钝三角形的宽翅。蒴果球形或宽椭圆形，长3～4mm；果梗长3～4mm。花期9月。

**原分布记录：**四川省东北部（城口县）。生于海拔1200m的林中树上。

**湖北省新记录：**宜昌市五峰县。

图4-11 **裂瓣羊耳蒜**

A—B**营养期植株远观；** C—D**假鳞茎**

## 15. 黄花羊耳蒜 *Liparis luteola* Lindl.（图4-12）

**羊耳蒜属（*Liparis*）**

Liparis luteola Lindl., Gen. Sp. Orch. Pl. 32. 1830; Hook. f., Fl. Brit. Ind. 5: 704. 1890; Merrill et Metc. in Lingn. Sci. J. 21: 11. 1945; S. Y. Hu in Quart. J. Taiwan Mus. 27 (3, 4): 423. 1974; Seidenf. in Dansk Bot. Ark. 31 (1): 78. fig. 52. 1976.

**形态特征：**假鳞茎稍密集，近卵形。叶线形或线状倒披针形，纸质。总状花序具数朵至

10余朵花；花乳白绿色或黄绿色，萼片披针状线形或线形，花瓣丝状，唇瓣长宽长圆状倒卵形，先端微缺并在中央具细尖，近基部有1条肥厚的纵脊，脊的前端有1个2裂的胼胝体；蕊柱纤细，稍向前弯曲，上部具翅。蒴果倒卵形。花果期12月至次年2月。

**原分布记录：**海南省（保亭黎族苗族自治县、昌江黎族自治县、定安县）。生于林中树上或岩石上。

**湖北省新记录：**宜昌市五峰县。

图4-12 **黄花羊耳蒜**

**A果期植株； B果期植株远观； C假鳞茎**

### 16. 日本对叶兰 *Neottia japonica*（Blume）Szlachetko（图4-13）

**鸟巢兰属（*Neottia*）**

Fragm. Florist. Geobot., Suppl. 3: 117 (1995); Listera japonica Bl., Fl. Jav. Orch. 115. 1859; Listera shaoii S. S. Ying, Col. Illust. Indig. Orch. Taiwan 1: 236. 1977.

**形态特征：**植株高约16cm。茎细长，有棱，近中部处具2枚对生叶，叶以上部分具短柔毛。叶片卵状三角形，先端锐尖，基部近圆形或截形。总状花序顶生，具3~6朵花；花梗细长，具细毛；花紫绿色；中萼片长椭圆形，先端急尖或钝；侧萼片斜卵形，与中萼片近等长；花瓣长椭圆状线形，与中萼片近等长或略短；唇瓣楔形，先端二叉裂，基部具1对长的耳状小裂片；裂片先端叉开，线形，2裂片间具1短三角状齿突。蕊柱很短。花期5月。

**原分布记录**:台湾省。生于海拔约1400m的湖畔。

**湖北省新记录**:咸宁市通山县。

图4.13 **日本对叶兰**

A**生境**; B**花**; C**开花植株**

## 17. 小沼兰 *Oberonioides microtatantha* (Schlechter) Szlachetko (图4-14)

**小沼兰属(*Oberonioides*)**

Fragm. Florist. Geobot., Suppl. 3: 135 (1995); Malaxis microtatantha (Schltr.) T. Tang et F. T. Wang in Acta Phytotax. 1(1): 72. 1951.

**形态特征**:假鳞茎小,近球形,外被白色的薄膜质鞘。叶1枚,接近铺地,卵形至宽卵形,先端急尖,基部近截形,有短柄;叶柄鞘状,抱茎。花葶直立,纤细,常紫色,略压扁;总状花序常具10~20朵花;花苞片宽卵形,围抱花梗;花梗和子房明显长于花苞片;花很小,黄绿色;中萼片近长圆形,先端钝,边缘外卷;侧萼片三角状卵形;花瓣线状披针形;唇瓣位于下方,舌状;蕊柱粗短,长约0.3mm。花期4月。

**原分布记录**:江西省中部、福建省和台湾省东部。生于海拔1200m以下的林下或阴湿处的岩石上。

**湖北省新记录**：咸宁市通山县。

图4-14 **小沼兰**

**A开花植株； B花序； C花； D假鳞茎； E叶正面观； F叶背面观**

18. 西南齿唇兰 *Odontochilus elwesii* C. B. Clarke ex J. D. Hooker（图4-15）

**齿唇兰属(*Odontochilus*)**

Fl. Brit. India. 6：100. 1890；Anoectochilus elwesii King & Pantling；A. purpureus (C. S. Leou) S. S. Ying；Cystopus elwesii (C. B. Clarke ex J. D. Hooker) Kuntze.

**形态特征**：根状茎匍匐，肉质。叶片卵状披针形，上面暗紫色或深绿色，背面淡红色或淡绿色。总状花序具2～4朵花；花大，倒置；萼片绿色，先端和中部带紫红色，背面被短柔毛；中萼片卵形，与花瓣贴合呈兜状；花瓣白色，斜半卵形；唇瓣白色，向前伸展，呈Y形，基部稍扩大并凹陷呈球形的囊，末端浅2裂，其内面中央具1个隔膜状纵的褶片，褶片两侧各具1个胼胝体，中部收狭成爪，两侧各具短流苏状锯齿。花期7—8月。

**原分布记录：**台湾省、广西壮族自治区、四川省、贵州省和云南省。生于海拔300～1500m的山坡或沟谷常绿阔叶林下阴湿处。

**湖北省新记录：**恩施州宣恩县。

图4-15 **西南齿唇兰**

**A花背面观； B花正面观； C开花植株； D前一年的果荚； E叶片**

## 19. 旗唇兰 *Odontochilus yakushimensis* T. Yukawa（图4-16）

**齿唇兰属（*Odontochilus*）**

Bull. Natl. Mus. Nat. Sci., Tokyo, B. 42: 108 (2016); Kuhlhasseltia yakushimensis (Yamam.) Ormerod, Lindleyana 17: 209 (2003); Vexillabium humilum S. S. Ying, Col. Ill. Indig. Orch. Taiwan 1: 509. 1977, syn. nov.

**形态特征：**根状茎肉质具节，节上生根；茎直立，具4～5枚叶。叶较密生于茎之基部或疏生于茎上，叶片卵形，肉质；叶柄基部扩大成抱茎的鞘。花葶顶生，常带紫红色；总状花序带粉红色，具3～7朵花，被疏柔毛；花瓣白色，具紫红色斑块，为偏斜的半卵形，基部与中萼片紧贴呈兜状；唇瓣白色，呈T形，前部扩大呈倒三角形的片，基部具囊状距，其末端2浅裂。花期8—9月。

**原分布记录：**陕西省、安徽省、浙江省、台湾省、湖南省、四川省。生于海拔450～1600m的林中树上苔藓丛中或林下或沟边岩壁石缝中。

**湖北省新记录：**恩施州宣恩县。

图4-16　**旗唇兰**

A开花植株；　B花；　C未成熟的果；　D叶背面观；　E叶正面观

## 20. 贵州菱兰 *Rhomboda fanjingensis* Ormerod（图4-17）

**菱兰属（*Rhomboda*）**

Orchadian 11：327. 1995. Anoectochilus moulmeinensis Seidenf. in Bot. Tidsskr. 66：307. 1971；Odontochilus moulmeinensis T. Tang et F. T. Wang in Acta Phytotax. 1：34. 70. 1951.

**形态特征：**根状茎匍匐，肉质；茎直立，具3～6枚叶。叶片卵状椭圆形，绿色或灰绿色，中脉具1条白色的条纹，基部收狭成管状的鞘，具柄。总状花序疏生6～18朵花；花苞片卵形，红棕色；花倒置，萼片和花瓣均为红色，萼片宽卵形，先端锐尖，背面疏被柔毛；花瓣为宽的半卵形，外侧远宽于其内侧，先端骤狭成细尖头且弯曲，无毛；唇瓣白色，呈T形，前部明显扩大并2裂,其裂片近倒卵形,180°叉开,中部收狭成短爪,后唇囊状,红棕色。花期8—10月。

**原分布记录:**贵州省(梵净山)。生于海拔450~2200m的山坡或沟谷密林下阴处。

**湖北省新记录:**宜昌市五峰县。

图4-17 **贵州菱兰**

A**开花植株;** B**花序;** C**花;** D**叶背面观;** E**叶正面观**

## 21. 短距风兰 *Vanda richardsiana* L. M. Gardiner(图4-18)

**万代兰属(*Vanda*)**

Phytotaxa 61: 51 (2012); Neofinetia richardsiana Christenson Lindleyana 11 (4): 220—221. 1996.

**形态特征:**植株簇生。茎被宿存而对折的叶鞘所包。叶2列互生,向外弯,V形对折,基部彼此套迭。总状花序生少数花,具长约8mm的花序柄;花白色,无香气;中萼片长圆形,先端短尖;侧萼片斜长圆状倒披针形;花瓣斜长圆形,先端钝;唇瓣3裂,侧裂片斜倒披针形;中裂片舌形,先端钝,稍下弯,基部具1个胼胝体。本种区别于风兰主要在于花较小,无香气,距显著较短。

**原分布记录:**仅见于中国(无详细地点)。生于常绿阔叶林中树上。已引入欧洲栽培,模式标本存于英国邱园标本馆。

**湖北省新记录:**宜昌市五峰县。

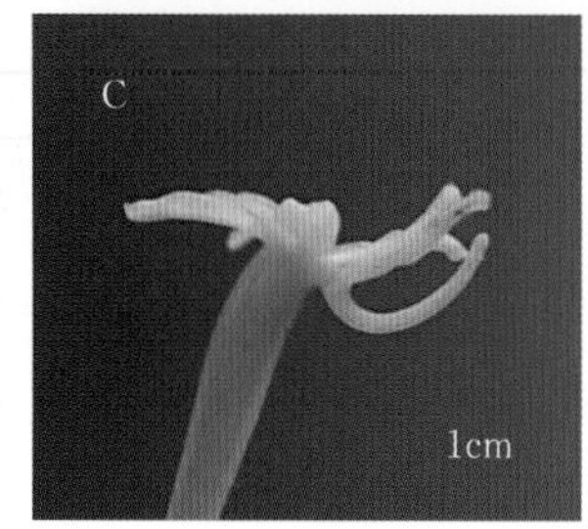

图4-18 **短距风兰**

A**开花植株**； B**花正面观**； C**花侧面观**； D**根状茎**

## 第三节 疑似新种发现

竹溪舌喙兰 *Hemipilia zhuxiensis* H. Liu（图4-19）

在对湖北省十堰市竹溪县十八里长峡保护区的考察过程中，发现了一种形态学上符合舌喙兰属特征的兰科植物。舌喙兰属 *Hemipilia* Lindley 是一类地生直立兰科植物，其主要形态特征是具球形小块茎，花序无鞘，舌状凸出的唇瓣和两个粘在两个独立囊内的粘盘。舌喙兰属包括大约80种，从喜马拉雅山脉东部到缅甸和泰国，再到中国东南部都有分布。此次发现的这种舌喙兰属植物具有一些独有的特征，如它具有龙骨状凸起的唇瓣和短的距，不同于该属中的所有已知物种。我们的系统发育分析结果也进一步支持了其独特性。因此我们将其描述为舌喙兰属中的新物种——竹溪舌喙兰 *Hemipilia zhuxiensis* H. Liu。

**形态特征**：陆生直立草本，高17～25cm。块茎椭圆形，长4～11mm，直径3～5mm，颈部少根；茎细长，直径1mm，绿色带有紫色斑点，基部具1枚筒状膜质鞘，鞘上方具1枚叶，向上具1枚鞘状退化叶。叶单生，卵状椭圆形，6～12cm×5～8cm，先端稍急尖，基部心形或收缩成抱茎的鞘，正面绿色带有紫色斑纹，很少为均匀绿色，背面淡绿色。花序顶生，长14～23cm；轴长6～10cm，疏生4～9朵花；花苞片披针形，3～5mm×1～3mm，先端渐尖或长渐尖；花白色至粉红色，没有香味；花梗和子房直形或稍弓形，长14～22mm；中萼片卵状椭圆形，6～9mm×3～7mm，3脉，先端钝；侧生萼片宽卵形，倾斜，展开，7～10mm×5～8mm，3脉，先端钝，白色至淡粉红色。花瓣倾斜卵形，6～7mm×4～5mm，1脉，先端钝，白色至粉红色；唇瓣舌状倒卵形，浅囊状，10mm×7mm，正面紫粉色，背面淡粉色，边缘有时不规则浅裂，先端钝；中间具龙骨状突起，突起处呈白色；距短，长4～6mm，漏斗状，稍向下弯曲，圆锥形，逐渐变窄，入口处宽2～2.5mm，先端有时呈钩状；蕊柱约3mm；蕊喙舌状，紫色，长约2mm，先端钝圆。

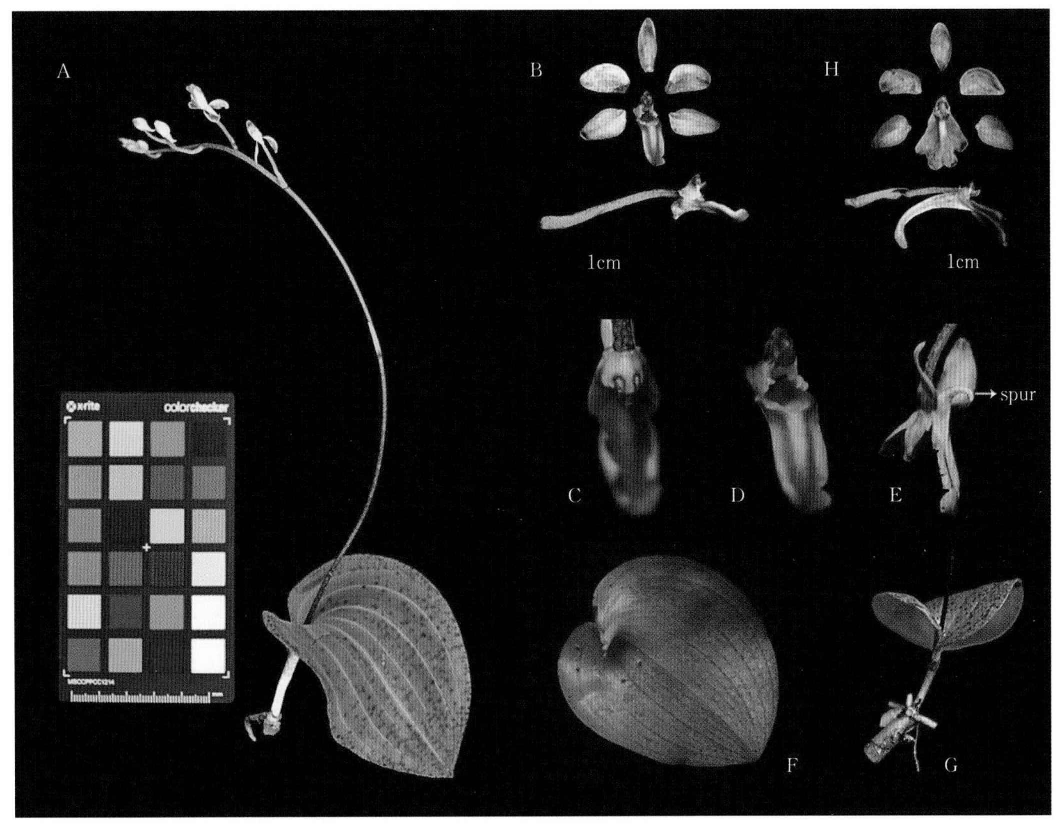


图4-19　**竹溪舌喙兰**

**A开花植株；B花解剖图；C唇瓣正面观；D唇瓣和蕊柱；E花侧面观；F叶片背面观；G块茎和根；H对比种裂唇舌喙兰的花解剖图**

# 第五章

# 湖北省野生兰科资源保护

## 第一节　湖北省兰科植物种群规模分析

野外调查和文献查阅共发现湖北省有野生兰科植物57属168种，湖北省兰科植物物种种群现状如表5-1所示，湖北省野生兰科植物资源属级地理分布图见附录2。其中野外调查和标本记录均未发现的物种共22种，占总物种数的13.09%，说明还有很多种兰科植物尚待发现，后期需要进一步调查。极稀有种有11种，占比6.59%，分别为雅长无叶兰 *Aphyllorchis yachangensis* Ying Qin & Yan Liu、直立山珊瑚 *Galeola falconeri* J. D. Hooker、波密斑叶兰 *Goodyera bomiensis* K. Y. Lang、弧距虾脊兰 *Calanthe arcuata* Rolfe、无叶杜鹃兰 *Cremastra aphylla* T. Yukawa、黄花羊耳蒜 *Liparis luteola* Lindl.、日本对叶兰 *Neottia japonica*（Blume）Szlachetko、竹溪舌喙兰 *Hemipilia zhuxiensis* Hong Liu、旗唇兰 *Kuhlhasseltia yakushimensis*（Yamamoto）Ormerod；其中最少的为雅长无叶兰 *Aphyllorchis yachangensis* Ying Qin & Yan Liu和直立山珊瑚 *Galeola falconeri* J. D. Hooker，分别只发现有1株，非常稀少。数量最多、分布最广的有3种，量级在50 001～100 000，这些兰科植物散生为主，局部集中，分别为独蒜兰 *Pleione bulbocodioides*（Franch.）Rolfe、云南石仙桃 *Pholidota yunnanensis* Rolfe、单叶厚唇兰 *Epigeneium fargesii*（Finet）Gagnep.，占比1.80%，其中最多的为单叶厚唇兰 *Epigeneium fargesii*（Finet）Gagnep.，有81 242株。这3种均为附生兰科植物，虽然看起来数量庞大，但由于计数归为统计鳞茎数量，这些附生兰花多成片生长在石壁上，一旦生境遭到破坏也是成片丧失，植株数量可能直接从万位数减少到百位数，甚至个位数，因此兰科植物的野外保护工作不容马虎。

表5-1　湖北省兰科植物物种种群现状统计表

| 种群现状 | 个体总数 | 种数 | 占总物种数/% |
|---|---|---|---|
| 1.野外未发现 | | 29 | 17.26 |
| 2.极稀有 | ≤10 | 11 | 6.55 |
| 3.零星散布 | 11～100 | 46 | 27.38 |
| 4.狭域散生 | 101～1000 | 63 | 37.50 |
| 5.狭域散生为主 | 1001～5000 | 11 | 6.55 |

续表

| 种群现状 | 个体总数 | 种数 | 占总物种数/% |
|---|---|---|---|
| 6.散生为主,极少成片 | 5001～10 000 | 3 | 1.79 |
| 7.散生为主,有时成片 | 10 001～50 000 | 1 | 0.60 |
| 8.散生为主,局部集中成片 | 50 001～100 000 | 4 | 1.79 |
| 9.广布散生,偶尔集中成片 | $10<\sum_n<1000\,000$ | 0 | 0 |
| 10.局域广布,相对集中成片 | $\sum_n>1000\,000$ | 0 | 0 |
| 合计 | | 168 | 100 |

注:因计算时“四舍五入”导致“占总种数”存在误差±0.01,此处忽略该误差。

# 第二节　湖北兰科植物资源保护状况

## 一、保护状况

CITES第19届缔约方大会于2022年11月在巴拿马举行,会议对CITES附录Ⅰ、附录Ⅱ和附录Ⅲ做出若干修订,并调整了一些物种标准命名。根据修改后的名录统计,湖北省内除兜兰属所有种被列入附录Ⅰ,其他物种皆被列入附录Ⅱ中;根据《国家重点保护野生植物名录》(2021年)数据统计,湖北省内除曲茎石斛为国家Ⅰ级重点保护植物,其余种类皆为国家Ⅱ级重点保护植物;依据IUCN物种濒危等级评价标准及调查结果对湖北省内野外调查到的兰科植物进行濒危等级划分(附录3)。由附录3可知,湖北省内处于受威胁状态的兰科植物有31种,占本省野外调查兰科植物总量的31.3%:极危(CR)种类4种,占本省野外调查兰科植物总量的4%;濒危(EN)种类10种,占本省野外调查兰科植物总量的10.1%;易危(VU)种类17种,占本省野外调查兰科植物总量的17.2%。

## 二、受威胁原因分析

### 1.兰科植物种群数量相对较少

根据最小存活种群理论(minimum viable population,MVP),兰科植物种群数量相对较少,生境异质性和个体扩散形成小种群内近交系数逐代上升,遗传杂合性逐代降低,导致种群的适合度下降,最终可导致小种群灭绝。

### 2.物种繁殖扩散有局限

兰科植物种子较为细小,萌发率较低,不利于传播、扩散、繁殖。其传粉机制为欺骗性传粉，主要依赖于环境条件和传粉昆虫，致使兰科植株群体繁殖扩散受到严重影响。

3. 人为采挖破坏

兰科植物具有很高的观赏价值，已成为室内栽培的稀有珍贵的花卉品种，并且整个植物可以用作药物，具有较高的药用价值，市场价值也逐渐增加，这导致兰花的采挖、买卖现象日益增多。

4. 生存环境日益恶化

近年来，随着经济的快速发展，人们对生活品质的要求不断提升，大力开发旅游项目而砍伐树木、改变原始林相来栽培单一树种，开山修路，游人践踏、采集植物等，使得许多物种大面积衰退或死亡，并且有增无减的现象还在继续。

## 第三节　湖北省兰科植物资源保护对策与建议

通过此次野外调查，我们大致摸清了湖北省兰科植物资源的物种多样性及其分布情况。对于一些居群数量少或急剧下降、极狭分布和极小种群的兰科植物，我们设立了固定监测样方和样地，实施动态监测机制，定期前往样地调查种群生存状况，记录种群内个体数量、伴生种（寄生种）类别、湿度，并采集生长土壤，分析土壤中兰科植物共生微生物的变化趋势。在不破坏种群平衡前提下，对野外调查发现的极小种群、狭域种以及濒危度较高的物种采集新鲜叶片DNA分子样、花粉、种子以及土壤，并收录到“湖北省武陵山区野生植物自然科技资源库”进行保存。

同时针对现在兰科植物面临的过度采挖现象，我省应该完善相关法律法规，利用互联网大力宣传兰科植物保护及相关法律法规，严厉打击采挖或破坏兰科植物等非法行为，规范兰花市场买卖经营，建立监督机制，并履行监督义务。

我们在调查中发现，一些保护措施做得非常完善的地区，兰科植物不论是物种数量还是居群规模都有恢复和增加，那些没有设立保护区的兰科分布地则是采挖的重灾地区，采挖者往往是将整片兰科植物连同生长基质一起采摘，比如附生在树上的石斛属与石仙桃属被连同树枝锯下来带走。针对这些地区，应列为重点保护地区，加强对兰科植物采集的限制，保护兰科植物赖以生存的环境尤其是森林植被是关键的措施。

(1) 建立自然保护区是野生动植物保护最科学有效的保护方式之一，应加快自然保护区的建设，督促完善相关硬件配置，配备一定数量科研保护人员，建立长效保护机制，因较好的环境条件有利于兰科植物生长繁衍，扩散种群。

(2) 对评估后濒危等级较高的兰科植物设立固定监测样地，实施动态监测机制，定期前往样地调查种群生存状况。基于野外调查数据，将湖北省兰科植物资源档案建立起来，利用电子化的平台去管理数据，以更加敏锐地捕捉野外物种种群的动态变化，及时做出响应。

(3) 对极其濒危重要物种,应采取迁地保护措施帮助其繁殖,建立兰科植物种质资源基因库,保护物种多样性。

(4) 提升一线人员的专业能力,对从事就地保护、迁地保护的巡护员或管护员提供更多的专业培训,提高对物种的识别、监护能力。管护人员还需加强其对植物栽培、植物繁育,甚至是植物造景的技能,提高迁地保育物种的存活率和繁殖率。

(5) 加大力度保护兰科植物传粉昆虫。兰科植物为欺骗性传粉,除了自交授粉和由鸟类传粉的类群外,绝大多数兰花都是由昆虫传粉,蜂类传粉、蝇类传粉、蛾类传粉、蝶类传粉及甲虫类传粉在兰科植物中均有出现,故保护兰花正常繁殖所依赖的传粉昆虫,要对兰花传粉系统进行全面的保护。

(6) 强化宣传教育是抓好思想意识形态教育最有效的方式之一,利用微信公众号、抖音等新媒体形式,大力宣传兰科植物保护。在重要时节宣传兰科植物保护的重要性及相关保护法律法规,如在每年3月3日的世界野生动植物日开展形式多样的宣传活动;利用科普进校园活动开展兰科植物保护教育;通过广泛宣传兰科植物多样性保护的重要性及相关法律法规保护政策,增强人们爱护兰科植物意识,从根本上减少对兰科植物的人为破坏行为。

(7) 各部门应联合开展兰科植物保护专项行动,并将专项行动常态化、制度化,不断规范市场经营,严厉打击非法买卖、非法经营等商业行为。对民间倒卖兰科植物交易零容忍,坚持“发现一起,制止一起,打击一起”。加大惩治力度,利用互联网广泛宣传特大违法案件打击行为,以正视听,杜绝类似违法行为的发生。

# 第六章

# 总结与展望

## 第一节　总　　结

湖北省野生兰科植物资源丰富，鄂西南地区兰科植物丰富度最高。通过本次湖北省野生兰科植物补充调查和文献资料整理，统计出湖北省兰科植物共有57属168种，其中包括湖北省新分布记录种13属21种。与杨林森等(2017)整理的湖北省兰科植物名录54属141种相比较，增加了3属26种。此外，发现疑似新种1种，即舌喙兰属一新种一竹溪舌喙兰 *Hemipilia zhuxiensis* H. Liu。这说明我国目前有关植物分布记录的系统尚且缺乏较高的时效性与共享性，对于开展地区植物分布与多样性统计相关研究较为不利。此外，加强兰科植物科普教育工作对植物新分布记录种、属的发现和植物数据库的完善来说也很重要。

湖北省地处南北气候过渡带，属亚热带季风气候，四季分明。全省地势大致为东、西、北三面环山，中间低平，略呈向南敞开的不完整盆地。其鄂西山地的地形、气候复杂，环境条件优越，是我国华东和日本植物区系西行、喜马拉雅植物区系东衍、华南植物区系北上与华北温带植物区系南下的交汇场所，得天独厚的条件使这片区域保留了很多天然避难所；又因鄂西山地垂直变化很大，植被的垂直分布十分明显，这对兰科植物的生长、发育、繁殖和进化十分有利。所以这个区域内兰科植物物种多样性的丰富度远高湖北省其他地区，以及有新种的发现都是合乎常理的事情。

相较于西藏自治区、广西壮族自治区、贵州省等其他兰科植物大省(区)而言，目前针对湖北省范围内兰科植物分布数据库的建立与有关研究的完善尚存欠缺。兰科植物作为湖北省植物区系的重要组成部分，对环境变化敏感性极强，可作为湖北省植物保护优先区域的筛选物种，用作填补保护空缺的指示性物种。保护区管理局及研究单位可定期联合开展科学调查，及时对本地植物资源特别是濒危、古老和特有物种进行及时梳理与归档，为开展湖北省植物分布相关研究提供科学可靠的数据库支撑，促进生物多样性保护与未来可持续发展。

# 第二节 展　　望

1. 野生兰科植物的开发利用价值

湖北省野生兰科植物资源种类丰富,它们有的叶型独特,有的花色绚丽,有的香气馥郁,有的株型秀丽,还有很多种类是多项兼具的,总体观赏价值相当高。根据湖北省野生兰科花卉呈现出的不同观赏特点,可将其巧妙地、因地制宜地应用于园林造景中。我省野生兰科植物中的兰属、虾脊兰属、羊耳蒜属内大部分物种喜阴,适宜作室内环境绿化,如春兰、长茎羊耳蒜、广东石豆兰等,它们天然附生于林中树上或林下石头上,栽培时可借鉴它们自然条件下呈现出来的原始野趣,放在园林假山石上或盆栽;绶草、裂瓣玉凤花、蕙兰等开花数目多,色彩艳丽,特别适用于园林的花境或者花圃的景观设计。另外,在传统药用兰科植物种类中除石斛属、白及属、天麻属之外,像斑叶兰、扇脉杓兰这些有待被开发利用的药用品种还有很多,其药用植物有效成分和药理活性还有待深入研究。很多药食同源的兰科植物种类的食用价值远远不及药用价值那么突出,它们的食用目的也多带有养生、健康等食疗意味,目前对它们食用价值的研究仅限于记载和描述,对它们的营养价值尚需要深入开发。因此,应当继续研究兰科植物品种,广泛搜集民间兰科菜谱和传统烹制工艺,重视对兰科植物食品科学、营养成分、采收与加工、运输和贮藏等方面的探讨和兰花食品产业化潜力和兰科资源现代化利用的新途径,使兰科资源得到合理、稳定、可持续的利用。

2. 野生兰科植物的驯化栽培和育种技术研究

兰科植物种子较为细小,萌发速率较低,不利于它们的传播、扩散和繁殖。目前,利用高科技手段,兰科植物种子的发芽率可达到30%~40%,最高达到60%,能达到组培的规模,可广泛推广应用。共生真菌不仅可促进种子萌发及提高幼苗的生长速度,还有助于幼苗移栽后成活。对优化传统繁殖种子及分株等技术应给予足够重视,鼓励相关科研单位不断探索、更新兰科植物培育的科学技术,减少兰科植物自身的遗传局限性,提高种子萌芽率。建立系统人工驯化体系,选择与野生种生境相似、交通方便的驯化基地,制定拓展野生兰花资源开发利用途径的规划,将驯化扩繁的兰花一方面用于补充自然种群,另一方面可以推向市场,在兰花资源保护和利用中发挥重要作用。为了保护野生兰科植物的多样性,可将野生兰科植物作为材料,在分子标记技术支持下,构建兰科植物基因多态性图谱及亲缘关系图谱,为野生兰花系统演化研究、培育新品种奠定资源基础,同时还可以发现重要优秀种质资源,并为其利用提供技术支持。在湖北省范围内积极开展兰科植物培育科学技术讲授,促进兰科植物科学高效培育及优化技术发展,切实增加种植户的兰科植物培育知识储备量。扩大兰科植物人工种植规模可满足人们对兰花的需求,减少对兰科植物的非法采挖或破坏，从而增加其种群数量。

3. 传统文化知识为兰科资源的开发利用提供线索

我国对兰科植物的药用及相关记载可追溯至《神农本草经》，其中有关于白及、石斛、天麻等兰科植物药用的记录；历年版《中华人民共和国药典》都有收录以兰科植物为基原的中药。我国多个少数民族如瑶族、景颇族、彝族、独龙族、藏族、黎族、侗族、仡佬族等都有兰科植物药用的习惯。石豆兰、独花兰、杜鹃兰为畲族珍稀濒危特有药用物种，其中杜鹃兰为畲族民间常用药，具有广泛的药理作用；西藏杓兰、绶草、云南独蒜兰为纳西族传统药材；澜沧江流域民间使用的药用兰科植物有 5 种；布依换药用植物涉及 8 种兰科植物。此外还有诸多少数民族民间常用的食用兰科植物。目前国内已经有20余属兰科植物化学成分研究的报道，已发现糖类、黄酮类、生物碱类、芪类、萜类、苯酚类和甾醇等化合物，具有抗菌、抗癌、抗炎、抗病毒等功能。我国丰厚的兰文化将国人与兰科植物这一生物资源紧密相连，对兰文化的深入理解是建立人与植物之间良性互惠关系的纽带。因此，可以通过民族植物学手段研究民族民间药用、食用兰科植物的习惯、文化、历史等，并以其为线索，通过植物化学、食品化学等方法分析药用和食用兰科植物资源，开展营养成分、加工方式、药用和食用储藏方法、药理作用或保健养生等方面的研究，进一步明确其药食价值，对开发现代药食新品种和维系兰科植物这一珍稀类群的可持续利用有着重要意义。

4. 湖北省野生兰科资源的保护和利用与生物文化间的关系

生物多样性和文化多样性紧密相关。在漫长的历史积淀中，许多植物与特定的文化意义建立了稳固的联系，使它们拥有了文化属性。作为一类文化植物，兰花向来被世人重视和喜爱，并被赋予各种情感和品格。在2021年9月新发布的《国家重点保护野生植物名录》中，大部分兰属植物由于在传统文化及科研中具有重要意义而被列入其中。同时，文化植物对人的活动也有塑造作用。兰花的幽香高洁，树立了一种洁身自好、淡泊自足、不媚流俗的君子高德形象，具有教化作用。湖北省随州市将兰花奉为市花，寄托美好、高雅的寓意。我国丰厚的兰文化将国人与兰科植物这一生物资源紧密相连，对兰文化的深入理解是建立人与植物之间良性互惠关系的纽带。

现有的研究证明，兰科种群数量的下降影响着相关传统知识和文化价值，印证了生物多样性的丧失对文化有着消极影响。反过来，文化多样性的流失也会加快生物多样性的丧失。当今，城市化建设导致了兰花自然栖息地减少，但有研究表明，平衡好城市化进程和自然栖息地的保留，即适度城市化，并充分利用植物园、图书馆、博物馆等文化机构，对人们掌握兰花知识更有帮助，有利于资源的保护。因此把握好兰科植物和相关文化这组关系，重视兰文化的挖掘、梳理、弘扬和传承，是保护兰科植物多样性的必要措施，也是我国生态文明建设的重要内容。

# 参考文献

[1] 陈心启. 中国植物志(兰科), 第十八卷[M]. 北京: 科学出版社, 1999.

[2] 陈思艺, 艾训儒, 姚兰, 等. 鄂西南地区种子植物多样性与区系特征[J]. 西北植物学报, 2019, 39(2): 330—342.

[3] 陈俊辰, 贺淑钰, 薛晶, 等. 多尺度生态系统服务的权衡关系及对景观配置的响应研究:以湖北省为例[J]. 生态学报, 2023,43(12): 1—12.

[4] 和太平, 彭定人, 黎德丘, 等. 广西雅长自然保护区兰科植物多样性研究[J]. 广西植物, 2007, 118(4): 590—595 + 580.

[5] 傅书遐. 湖北植物志(第4卷)[M]. 武汉: 湖北科学技术出版社, 2002.

[6] 龚仁虎, 朱晓琴, 张代贵, 等. 湖北省兰科植物1个新记录属和4个新记录种[J]. 生物资源, 2022, 44(4): 3.

[7] 吉占和. 中国植物志(兰科), 第十九卷[M]. 北京: 科学出版社, 1999.

[8] 郎楷永. 中国植物志(兰科), 第十七卷[M]. 北京: 科学出版社, 1999.

[9] 刘昂. 湖南南部野生兰科植物多样性研究[D]. 长沙: 中南林业科技大学, 2021.

[10] 刘玉凤. 浅谈野生兰科植物资源现状及其保护[J]. 种子科技, 2021, 39(10): 127—128.

[11] 刘财国, 李周岐, 彭少兵, 等. 陕西野生兰科资源分布特征及保护策略[J]. 陕西林业科技, 2022, 50(3): 93—96.

[12] 罗毅波, 贾建生, 王春玲. 中国兰科植物保育的现状和展望[J]. 生物多样性, 2003, 11(1): 70—77.

[13] 鲁兆莉, 覃海宁, 金效华, 等.《国家重点保护野生植物名录》调整的必要性、原则和程序[J]. 生物多样性, 2021, 29(12): 1577—1582.

[14] 金效华, 彭建生, 赵天华. 中国兰70%以上在保护地[J]. 森林与人类, 2021, 374(9): 112—115.

[15] 金效华,李剑武,叶德平. 中国野生兰科植物原色图鉴[M]. 郑州:河南科学技术出版社,2019.

[16] 金伟涛,向小果,金效华. 中国兰科植物属的界定:现状与展望[J]. 生物多样性, 2015, 23(2):237—242.

[17] 李时珍. 本草纲目[M]. 北京: 人民卫生出版社, 2004.

[18] 廖明尧.神农架地区自然资源综合调查报告[M]. 北京：中国林业出版社,2015.

[19] 路安民.种子植物科属地理[M].北京：科学出版社,1999.

[20] 唐健民，韦霄，邹蓉，等.广西兰科植物的物种多样性及区系特征研究[J].广西科学院学报，2022，38(2)：125—137.

[21] 唐佳，葛继稳，吴兆俊，等.湖北省优先保护森林生态系统的分布及其保护空缺分析[J].植物科学学报，2014，32(2)：105—112.

[22] 王紫媛，刘星月，王伟超，等.云南省兰科植物多样性及其空间分布特征研究[J].种子，2022，41(12)：66—77.

[23] 韦霄，唐健民，柴胜丰.广西兰科植物资源现状与可持续发展战略研究[J].广西科学院学报，2022，38(2)：99—107＋117.

[24] 晏启，郑炜，杨丽，等.湖北省兰科植物新记录[J].热带作物学报，2023，44(5)：914—918.

[25] 杨林森，王志先，王静，等.湖北兰科植物多样性及其区系地理特征[J].广西植物，2017，37(11)：1428—1442.

[26] 张殷波，杜昊东，金效华，等.中国野生兰科植物物种多样性与地理分布[J].科学通报，2015，60(2)：179—188＋1—16.

[27] 张晴，王翰臣，程卓，等.中国野生兰科植物资源与保护利用现状[J].中国生物工程杂志，2022，42(11)：59—72.

[28] 郑重.湖北植物区系特点与植物分布概况的研究[J].武汉植物学研究，1983，2:165—175，339—340.

[29] 郑重.湖北植物大全[M].武汉：武汉大学出版社，1993.

[30] 朱兆泉，宋朝枢.神农架自然保护区科学考察集[M].北京：中国林业出版社，1999.

[31] CAMERON K M，CHASE M W，WHITTEN W M，et al. A phylogenetic analysis of the Orchidaceae：Evidence from rbcL Nucleotide Sequences[J]. American Journal of Botany，1999，86(2)：208—224.

[32] CHASE M W，CAMERON K M，FREUDENSTEIN J V，et al. An updated classification of Orchidaceae[J]. Botanical Journal of the Linnean Society，2015，177(2)：151—174.

[33] GARDINER L M. New combinations in the genus Vanda (Orchidaceae)[J]. Phytotaxa，2012，61(1)：47—54.

[34] KOCYAN A，SCHUITEMAN A. New combinations in Aeridinae (Orchidaceae)[J]. Phytotaxa，2014，161(1)：61—85.

[35] LI Y L，TONG Y，YE W，et al. *Oberonia sinica* and *O. pumilum* var. *rotundum*

are new synonyms of *O. insularis* (Orchidaceae, Malaxideae) [J]. Phytotaxa, 2017, 321(2): 213—218.

[36] QIN Y, CHEN H L, DENG Z H, et al. *Aphyllorchis yachangensis* (Orchidaceae), a new holomycotrophic orchid from China[J]. PhytoKeys, 2021, 179(4): 91—97.

[37] QIAN X, WANG CX, TIAN M. Genetic diversity and population differentiation of *Calanthe tsoongiana*, a rare and endemic orchid in China[J]. Int J Mol Sci, 2013, 14(10): 20399—20413.

[38] PIDGEON A M, CRIBB P J, CHASE M W, et al. Genera Orchidacearum: Volume 1: General Introduction, Apostasioideae, Cypripedioideae[M]. Oxford: Oxford University Press, 1988.

[39] PRIDGEON A M, CRIBB P J, CHASE M W, et al. Genera Orchidacearum. Volume 2. Orchidoideae (Part one)[M]. Oxford: Oxford Universitv Press,2001.

[40] PRIDEGON A M, CRIBB P J, CHASE M W, et al. Genera Orchidacearum, Volume 3: Orchidoideae (Part two), Vanilloideae[M]. Oxford: Oxford University Press, 2003.

[41] SEAMUS O'B R IEN. In the footsteps of Augustine Henry and his Chinese plant collectors[M]. Woodbridge in UK: Antique Collectors'Club Ltd, 2011.

[42] WILSON E H. China,mother of gardens[M]. Boston: The Stratford Company, 1929.

[43] WONG S, LIU H. Wild—Orchid Trade in a Chinese E—Commerce Market[J]. Economic Botany, 2019, 73(3): 357—374.

[44] WU Z Y, PETER H R. Flora of China (Vol. 25)[M]. Beijing: Science Press, 2009.

[45] YAN Q, LI XW, WU J Q. *Bulbophyllum hamatum* (Orchidaceae), a new species from Hubei, central China [J]. Phytotaxa, 2021, 523(3): 269—272.

[46] YU F Q, DENG H P, WANG Q, et al. *Calanthe wuxiensis* (Orchidaceae: Epidendroideae), a new species from Chongqing, China[J]. Phytotaxa, 2017, 317(2): 152—156.

# 附录1
# 湖北省兰科植物野外调查方法

湖北省野生兰科植物调查方法参考来源为2019年国家林业和草原局颁布的《全国重点保护野生植物资源调查兰科植物资源专项补充调查工作方案和技术规程》。具体野外调查方法如下。

1. 样线的设置

(1) 在兰科植物适宜生境中设置样线。

(2) 每条样线使用唯一编号,共8位,规则如下:前2位是湖北的缩写“HB”,第3～4位为调查队的编号“01－99”,第5～8位为样线编号“0001－9999”,如HB010001。

(3) 样线标记,采用GPS记录调查路径的轨迹和海拔;如果样线没有GPS信号或GPS信号弱时,可以确定样线起始点、结束点以及其他重要位置的经纬度和海拔。

(4) 样线长度为一个工作日内能完成的最大长度,观察范围为行进路线两侧各10m。

2. 样方的设置和调查

(1) 每个样方选定时,必须要有兰科植物;保护区内样方的设计,需同保护区相关技术人员讨论后确定,确保能沿着护林员的日常巡护路线设计;保护区外的样方主要依靠专家的意见进行设计,尽量考虑所在林业局的意见。

(2) 样方的设计,尽量覆盖调查记载的兰科植物种类;在样方中,如果有附生兰科植物,还需要统计附生兰科植物的详细信息。

(3) 每个样方设置唯一编号,共10位,规则如下:前2位为湖北的字母缩写“HB”;第3～4位为调查队的编号“01～99”,第5～8位为样方编号“0001～9999”;第9位为样方性质编号,临时样方用“L”,固定样方用“G”;第10位为附加编号,如果样方选择为样木,用“T”进行编码,其他样方则用“N”进行编码。

(4) 在调查的过程中,设置固定小样方,样方大小为5m × 5m,需要进行固定标记;使用GPS进行定位,以获取样方所处的地理坐标,精确读取到秒,写作“东经(E)x x°(度)x x′(分)x x″(秒)”。两个样方之间的间距不少于10m。

(5) 样方调查的内容包括兰科植物种类、数量、开花和结果植株比例,另外还需包括植被类型、坡向、土壤类型等。

3. 兰科植物附生样木设置和调查

(1) 每棵样木相当于一个样方,且按照样方的编号规则进行统一编号。

(2) 样木选择附生兰科植物丰富,冠幅大于5m × 5m的乔木,且样木与样木之间直线距离大于200m,样木与样方之间的直线距离大于50m。

(3) 调查样木时进行GPS定位，并在距离地面1.4m和15cm处各钉一块铝牌做标记，记录明显的标志物。

4. 兰科植物株数统计方法

1) 地生兰科植物

中国地生兰科植物大部分种类植株形体较大，样方内株数可以计算，但部分种类的植株较小，同时部分种类在很小的生境中密集生长，给植株计数工作造成很大困扰。一般100株以下都需要计数，如果样方内一个物种的个体数达到100株，可以采用数量级的方式进行统计：100～200株、201～400株、401～800株、大于800株。

2) 附生植物

其包括石上附生和树上附生两大类型，需要购买质量较好的望远镜进行统计分析。由于附生兰科植物的情况比较复杂，按两大营养体进行计数处理。

(1) 具假鳞茎类的物种，计算活的假鳞茎：样方内的单个物种假鳞茎数量如果不到100个，则全部计数；单个物种假鳞茎达到100个，可以进行估测，按数量级进行，写成100～200个、201～400个、401～800个、达到800个；开花和结果的个体数统计方法同上；同时，可以标注这些假鳞茎分布的丛数；另外，还需拍摄一张样方内该物种密集生长的整体照片。

(2) 不具假鳞茎的物种，按照植株或茎或根状茎的数量进行计算：样方内的单个物种的植株小于100个，全部计数；达到100个，可以进行估测，按数量级进行，写成100～200个、201～400个、401～800个、大于800个，开花和结果的个体数统计方法同上；同时，可以标注这些茎分布的丛数；另外，还需拍摄一张样方内该物种密集生长的整体照片。

3) 菌类寄生植物

菌类寄生植物在野外统计过程中很难遇到，如果在样方中发现有分布，株数统计方法和地生兰科植物的类似，同时关注一下是否有前期的残余果序或花序，为判断物种的生活周期奠定基础。

根据前期文献和标本查阅情况，并结合湖北省各自然保护区、县市的资源状况和前期研究基础来制定考察方案。设置样线，通过路线法开展样线及其两侧的兰科植物资源调查，通过设置样方和样木，记录各物种的分布点位、种群规模、分布海拔梯度、生境、伴生种或寄生种类别以及土壤性质等信息。

野外采集过程中随身携带轨道记录仪(HOLUX:M-241)和相机(Pentax K-1, Canon PowerShot G3X)，对每种兰科植物进行全面拍照(生境、形态特征、花部解剖结构)，收集花部、果实(种子、花粉单独收集)样本，同时需要采集标本、根尖、分子样品；设置样方和样木，记录各物种的分布点位、种群规模、形态数据(疑似新种、新变种)、分布海拔梯度、生境、伴生种或寄生种类别以及土壤性质等信息；后期将采集的材料进行详细登记，标本修整、压制、捆扎，然后烘箱烘干(45℃, 72h)，最终上台纸制作成标本供保存。

# 附录2
# 湖北省野生兰科植物资源属级地理分布图

1. 无叶兰属 *Aphyllorchis*（附图 2-1）

分布于恩施州宣恩县长潭河侗族乡七姊妹山国家级自然保护区内，属下有1个种：雅长无叶兰 *A. yachangensis*。

附图 2-1　**无叶兰属** ***Aphyllorchis*** **地理分布图**

2. 白及属 *Bletilla*（附图 2-2）

分布于恩施州宣恩县、鹤峰县、巴东县、利川市，宜昌市五峰县，襄阳市南漳县，神农架林区木鱼镇，属下有2个种：黄花白及 *B. ochracea* 和白及 *B. striata*。

附图 2-2　**白及属** ***Bletilla*** **地理分布图**

3. 石豆兰属 *Bulbophyllum*（附图 2-3）

分布于恩施州宣恩县、鹤峰县、巴东县、利川市，宜昌市五峰县、兴山县，神农架林区木鱼镇，属下有4个种：广东石豆兰 *B. kwangtungense*、毛药卷瓣兰 *B. omerandrum*、短葶卷瓣兰 *B. brevipedunculatum* 和此次新发现的利川石豆兰 *B. lichuanense*。

附图 2-3　石豆兰属 *Bulbophyllum* 地理分布图

4. 虾脊兰属 *Calanthe*（附图 2-4）

分布于恩施州宣恩县、鹤峰县、巴东县、咸丰县、利川市，宜昌市五峰县、长阳县、兴山县，襄阳市南漳县、保康县，神农架林区木鱼镇、阳日镇、新华镇、松柏镇，十堰市竹溪县。属下有12个种：泽泻虾脊兰 *C. alismaefolia*、弧距虾脊兰 *C. arcuata* var. *arcuata*、剑叶虾脊兰 *C. davidii*、钩距虾脊兰 *C. graciliflora* var. *Graciliflora*、细花虾脊兰 *C. mannii*、反瓣虾脊兰 *C. reflexa*、三棱虾脊兰 *C. tricarinata*、峨边虾脊兰 *C. yuana*、叉唇虾脊兰 *C. hancockii*、流苏虾脊兰 *C. alpina*、巫溪虾脊兰 *C. wuxiensis* 和无距虾脊兰 *C. tsoongiana*。

附图 2-4　虾脊兰属 *Calanthe* 地理分布图

5. 头蕊兰属 *Cephalanthera*（附图 2-5）

分布于恩施州宣恩县、鹤峰县、巴东县、利川市，宜昌市五峰县，随州市随县，神农架林区木鱼镇，十堰市竹溪县。属下有2个种：银兰 *C. erecta* 和金兰 *C. falcata*。

附图 2-5 **头蕊兰属 *Cephalanthera* 地理分布图**

6. 独花兰属 *Changnienia*（附图 2-6）

分布于恩施州宣恩县，黄冈市英山县、麻城市，神农架林区木鱼镇。属下仅1个种：独花兰 *C. amoena*。

附图 2-6 **独花兰属 *Changnienia* 地理分布图**

## 7.吻兰属 *Collabium*（附图2-7）

此次调查仅在恩施州宣恩县发现有分布，属下有1个种：台湾吻兰 *C. formosanum*。

附图2-7 **吻兰属 *Collabium* 地理分布图**

## 8.蛤兰属 *Conchidium*（附图2-8）

此次调查仅在恩施州利川市发现有分布，属下有1个种：高山蛤兰 *C. japonicum*。

附图2-8 **蛤兰属 *Conchidium* 地理分布图**

9. 杜鹃兰属 *Cremastra*（附图 2-9）

分布于恩施州宣恩县、巴东县、利川市，宜昌市夷陵区，黄冈市英山县、罗田县，神农架林区松柏镇，十堰市竹溪县。属下有2个种：无叶杜鹃兰 *C. aphylla* 和杜鹃兰 *C. appendiculata*。

附图 2-9　**杜鹃兰属 *Cremastra* 地理分布图**

10. 兰属 *Cymbidium*（附图 2-10）

分布于恩施州宣恩县、鹤峰县、来凤县、咸丰县、巴东县、建始县、利川市，宜昌市五峰县，黄冈市英山县、罗田县、麻城市，神农架林区木鱼镇、松柏镇、阳日镇、新华镇，襄阳市南漳县、保康县，随州市随县，咸宁市通山县、通城县。属下有6个种：蕙兰 *C. faberi* var. *Faberi*、多花兰 *C. floribundum*、春兰 *C. goeringii*、寒兰 *C. kanran*、兔耳兰 *C. lancifolium* 和建兰 *C. ensifolium*。

附图 2-10　**兰属 *Cymbidium* 地理分布图**

## 11. 杓兰属 *Cypripedium*（附图 2-11）

分布于恩施州宣恩县、鹤峰县、来凤县、咸丰县、巴东县、建始县、利川市，宜昌市五峰县，黄冈市英山县、罗田县、麻城市，神农架林区木鱼镇、松柏镇、阳日镇、新华镇，襄阳市南漳县、保康县，随州市随县，咸宁市通山县、通城县。属下有7个种：毛瓣杓兰 *C.fargesii*、黄花杓兰 *C.flavum*、毛杓兰 *C.franchetii*、绿花杓兰 *C.henryi*、扇脉杓兰 *C.japonicum*、离萼杓兰 *C.plectrochilum* 和紫点杓兰 *C.guttatum*。

附图 2-11　**杓兰属 *Cypripedium* 地理分布图**

## 12. 掌裂兰属 *Dactylorhiza*（附图 2-12）

分布于神农架林区木鱼镇、阳日镇，属下有1个种：凹舌掌裂兰 *D. viridis*。

附图 2-12　**掌裂兰属 *Dactylorhiza* 地理分布图**

13.石斛属 *Dendrobium*(附图2-13)

分布于恩施州宣恩县、鹤峰县、利川市,宜昌市五峰县,黄冈市英山县,神农架林区木鱼镇、新华镇。属下有7个种:曲茎石斛 *D. flexicaule*、细叶石斛 *D. hancockii*、霍山石斛 *D. huoshanense*、大花石斛 *D. wilsonii*、黄石斛 *D. catenatum*、铁皮石斛 *D. officinale* 和单叶厚唇兰 *D. fargesii*。

附图2-13　石斛属 *Dendrobium* 地理分布图

14.火烧兰属 *Epipactis*(附图2-14)

分布于恩施州巴东县、利川市,宜昌市五峰县,神农架林区松柏镇、新华镇,十堰市竹溪县。属下有2个种:火烧兰 *E. helleborine* 和大叶火烧兰 *E. mairei* var. *mairei*。

附图2-14　火烧兰属 *Epipactis* 地理分布图

## 15. 山珊瑚属 *Galeola*（附图2-15）

分布于恩施州宣恩县，宜昌市五峰县，神农架林区木鱼镇。属下有2个种：毛萼山珊瑚 *G. lindleyana* 和直立山珊瑚 *G. falconeri*。

附图2-15 **山珊瑚属 *Galeola* 地理分布图**

## 16. 盆距兰属 *Gastrochilus*（附图2-16）

分布于恩施州宣恩县、利川市，黄冈市英山县。属下有1个种：台湾盆距兰 *G. formosanus*。

附图2-16 **盆距兰属 *Gastrochilus* 地理分布图**

## 17. 天麻属 *Gastrodia*（附图 2-17）

分布于恩施州巴东县、鹤峰县、利川市，宜昌市五峰县。属下有1个种：黄天麻 *G. elata* f. *flavida*。

附图 2-17　**天麻属 *Gastrodia* 地理分布图**

## 18. 斑叶兰属 *Goodyera*（附图 2-18）

分布于恩施州宣恩县、鹤峰县、来凤县、巴东县、利川市，宜昌市夷陵区、五峰县、长阳县、兴山县，黄冈市英山县、罗田县、麻城市，神农架林区木鱼镇、松柏镇，襄阳市南漳县，咸宁市通山县、通城县。属下有7个种：大花斑叶兰 *G. biflora*、波密斑叶兰 *G. bomiensis*、光萼斑叶兰 *G. henryi*、小斑叶兰 *G. repens*、斑叶兰 *G. schlechtendaliana*、绒叶斑叶兰 *G. velutina* 和歌绿斑叶兰 *G. seikoomontana*。

附图 2-18　**斑叶兰属 *Goodyera* 地理分布图**

## 19.玉凤花属 *Habenaria*(附图2-19)

分布于恩施州宣恩县、鹤峰县,宜昌市五峰县、长阳县。属下有2个种:毛葶玉凤花 *H. ciliolaris* 和裂瓣玉凤花 *H. petelotii*。

附图2-19 玉凤花属 *Habenaria* 地理分布图

## 20.舌喙兰属 *Hemipilia*(附图2-20)

分布于恩施州建始县,宜昌市兴山县,神农架林区木鱼镇、新华镇、松柏镇、阳日镇,襄阳市南漳县、保康县,十堰市竹溪县。属下有3个种:裂唇舌喙兰 *H. henryi*、扇唇舌喙兰 *H. flabellata* 和此次发现的新种竹溪舌喙兰 *H. zhuxiense*。

附图2-20 舌喙兰属 *Hemipilia* 地理分布图

21. 舌角盘兰属 *Herminium*（附图 2-21）

此次仅在恩施州利川市发现分布，属下有1个种：叉唇角盘兰 *H. lanceum*。

附图 2-21　**舌角盘兰属 *Herminium* 地理分布图**

22. 槽舌兰属 *Holcoglossum*（附图 2-22）

此次仅在恩施州利川市发现分布，属下有1个种：短距槽舌兰 *H. flavescens*。

附图 2-22　**槽舌兰属 *Holcoglossum* 地理分布图**

## 23. 羊耳蒜属 *Liparis*（附图2-23）

分布于恩施州宣恩县、鹤峰县、巴东县、建始县、利川市，宜昌市五峰县、长阳县、兴山县，神农架林区木鱼镇、新华镇、松柏镇，十堰市竹溪县，咸宁市通山县。属下有8个种：小羊耳蒜 *L. fargesii*、长唇羊耳蒜 *L. pauliana*、黄花羊耳蒜 *L. luteola*、齿突羊耳蒜 *L. rostrata*、长茎羊耳蒜 *L. viridiflo*、见血青 *L. nervos*、裂瓣羊耳蒜 *L. platyrachis* 和羊耳蒜 *L. campylostalix*。

附图2-23　**羊耳蒜属 *Liparis* 地理分布图**

## 24. 原沼兰属 *Malaxis*（附图2-24）

分布于宜昌市五峰县，神农架林区老君山。属下有1个种：沼兰 *M. monophyllos*。

附图2-24　**原沼兰属 *Malaxis* 地理分布图**

25.鸟巢兰属 *Neottia*(附图2-25)

分布于咸宁市通山县,神农架林区木鱼镇。属下有2个种:尖唇鸟巢兰 *N. acuminata* 和日本对叶兰 *N. japonica*。

附图2-25　**鸟巢兰属 *Neottia* 地理分布图**

26.鸢尾兰属 *Oberonia*(附图2-26)

分布于恩施州建始县,宜昌市五峰县。属下有1个种:宝岛鸢尾兰 *O. insularis*。

附图2-26　**鸢尾兰属 *Oberonia* 地理分布图**

## 27.小沼兰属 *Oberonioides*（附图2-27）

分布于神农架林区老君山，咸宁市通山县，黄冈市麻城市。属下有1个种：小沼兰 *O. microtatantha*。

附图2-27　**小沼兰属 *Oberonioides* 地理分布图**

## 28.齿唇兰属 *Odontochilus*（附图2-28）

分布于恩施州宣恩县、鹤峰县，宜昌市五峰县。属下有2个种：西南齿唇兰 *O. elwesii* 和旗唇兰 *O. yakushimensis*。

附图2-28　**齿唇兰属 *Odontochilus* 地理分布图**

## 29. 山兰属 *Oreorchis*（附图 2-29）

分布于恩施州宣恩县、鹤峰县，宜昌市夷陵区。属下有1个种：长叶山兰 *O. fargesii*。

附图 2-29　**山兰属 *Oreorchis* 地理分布图**

## 30. 钻柱兰属 *Pelatantheria*（附图 2-30）

分布于黄冈市英山县。属下有1个种：蜈蚣兰 *P. scolopendrifolia*。

附图 2-30　**钻柱兰属 *Pelatantheria* 地理分布图**

## 31.鹤顶兰属 *Phaius*(附图 2-31)

分布于恩施州鹤峰县,宜昌市五峰县。属下有1个种:黄花鹤顶兰 *P. flavus*。

附图2-31　**鹤顶兰属 *Phaius* 地理分布图**

## 32.蝴蝶兰属 *Phalaenopsis*(附图 2-32)

分布于恩施州宣恩县,宜昌市五峰县。属下有1个种:短茎萼脊兰 *P. subparishii*。

附图2-32　**蝴蝶兰属 *Phalaenopsis* 地理分布图**

33. 石仙桃属 *Pholidota*（附图 2-33）

分布于恩施州宣恩县、鹤峰县、咸丰县，宜昌市五峰县、兴山县，神农架林区木鱼镇。属下有1个种：云南石仙桃 *P. yunnanensis*。

附图 2-33 **石仙桃属 *Pholidota* 地理分布图**

34. 舌唇兰属 *Platanthera*（附图 2-34）

分布于恩施州宣恩县、鹤峰县、巴东县、利川市，宜昌市五峰县、兴山县，神农架林区木鱼镇、松柏镇，十堰市竹溪县，黄冈市麻城市，咸宁市通城县。属下有3个种：对耳舌唇兰 *P. finetiana*、舌唇兰 *P. japonica* 和小舌唇兰 *P. minor*。

附图 2-34 **舌唇兰属 *Platanthera* 地理分布图**

## 35. 独蒜兰属 *Pleione*（附图 2-35）

分布于恩施州宣恩县、鹤峰县、利川市，宜昌市夷陵区、五峰县，神农架林区木鱼镇、松柏镇。属下有2个种：独蒜兰*P. bulbocodioides*和美丽独蒜兰*P. pleionoides*。

附图2-35　**独蒜兰属*Pleione*地理分布图**

## 36. 朱兰属 *Pogonia*（附图 2-36）

此次仅在恩施州利川市发现分布。属下有1个种：朱兰*P. japonica*。

附图2-36　**朱兰属*Pogonia*地理分布图**

37. 小红门兰属 *Ponerorchis*(附图 2-37)

分布于恩施州宣恩县、咸丰县、利川市，宜昌市五峰县，神农架林区松柏镇。属下有2个种：广布小红门兰 *P. chusua* 和无柱兰 *P. gracile*。

附图 2-37　**小红门兰属 *Ponerorchis* 地理分布图**

38. 菱兰属 *Rhomboda*(附图 2-38)

此次仅在宜昌市五峰县发现分布。属下有1个种：贵州菱兰 *R. fanjingensis*。

附图 2-38　**菱兰属 *Rhomboda* 地理分布图**

## 39.绶草属 *Spiranthes*(附图2-39)

此次仅在恩施州利川市发现分布。属下有1个种:绶草*S. sinensis*。

附图2-39　**绶草属 *Spiranthes* 地理分布图**

## 40.带唇兰属 *Tainia*(附图2-40)

分布于恩施州利川市、来凤县,咸宁市通山县。属下有1个种:带唇兰*T. dunnii*。

附图2-40　**带唇兰属 *Tainia* 地理分布图**

## 41.白点兰属 *Thrixspermum*(附图2-41)

分布于恩施州宣恩县,宜昌市五峰县。属下有1个种:小叶白点兰 *T. japonicuma*。

附图2-41 **白点兰属 *Thrixspermum* 地理分布图**

## 42.万代兰属 *Vanda*(附图2-42)

分布于恩施州利川市,宜昌市五峰县。属下有1个种:短距风兰 *V. richardsiana*。

附图2-42 **万代兰属 *Vanda* 地理分布图**

# 附录3
# 湖北省野生兰科植物濒危状况和监测样地信息

| 编号 | 属名 | 中文名 | 拉丁名 | 濒危等级 | 濒危因素 | 监测地区 | 监测样方 |
|---|---|---|---|---|---|---|---|
| 1 | 无叶兰属 *Aphyllorchis* | 雅长无叶兰 | *Aphyllorchis yachangensis* | | | 五峰县后河保护区 | HB010206GN、HB010248GN<br>HB010249GN、HB010250GN |
| 2 | 白及属 *Bletilla* | 黄花白及 | *Bletilla ochracea* | EN | 过度采集 | 宣恩县七姊妹山保护区、神农架林区天生桥 | HB010101LN、HB010370LN |
| 3 | | 白及 | *Bletilla striata* | EN | 过度采集 | 鹤峰县、巴东县、宣恩县、五峰县、南漳县、利川市、神农架林区木鱼镇 | HB010253GN、HB010273GN<br>HB010287GN |
| 4 | 石豆兰属 *Bulbophyllum* | 广东石豆兰 | *Bulbophyllum kwangtungense* | | | 兴山县南阳镇、神农架保护区新华九冲乡 | HB010162GN、HB010436GN |
| 5 | | 毛药卷瓣兰 | *Bulbophyllum omerandrum* | | | 巴东金丝猴保护区送子园村、神农架林区木鱼镇、九冲乡；兴山县南阳镇 | HB010436GN、HB010685GN |
| 6 | | 短葶卷瓣兰 | *Bulbophyllum brevipedunculatume* | | | 罗田县、宣恩县七姊妹山保护区 | HB010556GN、HB020041GN |
| 7 | | 利川石豆兰 | *Bulbophyllum lichuanense* ★ | | | 利川市建南镇 | HB010339GN |
| 8 | 虾脊兰属 *Calanthe* | 泽泻虾脊兰 | *Calanthe alismaefolia* | | | 宣恩县狮子关 | HB010659GN、HB010661GN |
| 9 | | 弧距虾脊兰 | *Calanthe arcuata* var. *arcuata* | VU | 种群数量少 | 巴东金丝猴保护区送子园村 | HB010716GN、HB010718GN |
| 10 | | 剑叶虾脊兰 | *Calanthe davidii* | | | 神农架林区、利川市、兴山县、咸丰县、巴东县、竹溪县、鹤峰县、五峰县 | HB010223GN、HB010251GN<br>HB010271GN、HB010051GN<br>HB020375GN、HB020419GN |
| 11 | 虾脊兰属 *Calanthe* | 钩距虾脊兰 | *Calanthe graciliflora* var. *graciliflora* | | | 神农架林区、利川市、兴山县、咸丰县、巴东县、竹溪县、鹤峰县、五峰县 | HB010049GN、HB010051GN、HB010053GN、HB010054GN、HB010055GN、HB010056GN、HB010109GN、HB010139GN、HB010141GN、HB010274GN |

续表

| 编号 | 属名 | 中文名 | 拉丁名 | 濒危等级 | 濒危因素 | 监测地区 | 监测样方 |
|---|---|---|---|---|---|---|---|
| 12 | | 细花虾脊兰 | *Calanthe mannii* | | | 宣恩县七姊妹山保护区、利川佛宝山保护区，咸丰县 | HB010174GN、HB020171LN、HB021289GN |
| 13 | | 反瓣虾脊兰 | *Calanthe reflexa* | | | 鹤峰县木林子保护区 黑湾 | HB010086GN、HB010558GN、HB010559GN、HB010561GN、HB010562GN、HB010580GN |
| 14 | | 三棱虾脊兰 | *Calanthe tricarinata* | | | 巴东县送子园、后河、官门山 | HB010695GN |
| 15 | | 峨边虾脊兰 | *Calanthe yuana* ● | EN | 生境退化或丧失 | 神农架林区官门山 | HB021058LN、HB021049LN |
| 16 | | 叉唇虾脊兰 | *Calanthe hancockii* | | | 恩施县后河村7组小溪沟 | HB010103GN |
| 17 | | 流苏虾脊兰 | *Calanthe alpina* | | | 神农架林区天燕景区 | HB010445GN、HB010446GN |
| 18 | | 巫溪虾脊兰 | *Calanthe wuxiensis* | | | 神农架林区大龙潭 | HB010412GN、HB010413GN<br>HB010444GN、HB010447GN |
| 19 | | 无距虾脊兰 | *Calanthe tsoongiana* | | | 通山县九宫山保护区 | HB021915LN、HB021911LN |
| 20 | 头蕊兰属 *Cephalanthera* | 银兰 | *Cephalanthera erecta* | | | 竹溪县、随县、神农架、利川市、巴东县、五峰县、鹤峰县、宣恩县 | HB010083GN、HB010084GN HB010085GN<br>HB010235GN、HB010240GN |
| 21 | | 金兰 | *Cephalanthera falcata* | | | 五峰县、宣恩县、利川市、巴东县、鹤峰县 | HB010104GN、HB010114GN、HB010136GN、HB010175GN、HB010189GN、HB010233GN HB010234GN、HB010236GN |
| 22 | 独花兰属 *Changnienia* | 独花兰 | *Changnienia amoena* ● | EN | 过度采集 | 英山县、麻城市、宣恩县、神农架林区 | HB010100LN、HB020978GN、HB020979GN<br>HB020977GN |
| 23 | 吻兰属 *Collabium* | 台湾吻兰 | *Collabium formosanum* | | | 宣恩县七姊妹山保护区后河村 | HB010568GN |
| 24 | 蛤兰属 *Conchidium* | 高山蛤兰 | *Conchidium japonicum* | | | 利川市 | HB022216GN |
| 25 | 杜鹃兰属 *Cremastra* | 无叶杜鹃兰 | *Cremastra aphylla* | | | 宣恩县七姊妹山保护区、五峰县后河保护区羊子溪 | HB021656GN、HB020312GN |

续表

| 编号 | 属名 | 中文名 | 拉丁名 | 濒危等级 | 濒危因素 | 监测地区 | 监测样方 |
|---|---|---|---|---|---|---|---|
| 26 | | 杜鹃兰 | *Cremastra appendiculata* | | | 五峰土家族自治县<br>英山县<br>神农架林区 | HB010174GN、HB010271GN、HB010284GN、HB010688GN |
| 27 | 兰属 *Cymbidium* | 蕙兰 | *Cymbidium faberi* var. *faberi* | | | 随县、神农架林区、五峰县、宣恩县、利川市、巴东县、鹤峰县、英山县、麻城市 | HB010020GN、HB010023GN、HB010049GN、HB010050GN、HB010051GN、HB010052GN、HB010053GN、HB010062GN、HB010238GN、HB010286GN、HB010481GN |
| 28 | 兰属 *Cymbidium* | 多花兰 | *Cymbidium floribundum* | VU | 过度采集 | 五峰县、宣恩县、利川市、巴东县、鹤峰县 | HB010108GN、HB010158GN、HB010162GN、HB010163GN |
| 29 | 兰属 *Cymbidium* | 春兰 | *Cymbidium goeringii* | VU | 过度采集 | 五峰县、宣恩县、利川市、巴东县、鹤峰县、英山县、麻城市、随县、神农架林区 | HB010047GN、HB010048GN、HB010049GN、HB010052GN、HB010053GN、HB010062GN<br>HB010085GN、HB010087GN、HB010137GN、HB010140GN、HB010141GN、HB010568GN |
| 30 | 兰属 *Cymbidium* | 寒兰 | *Cymbidium kanran* | VU | 过度采集 | 宣恩县七姊妹山保护区后河村 | HB010010LN |
| 31 | 兰属 *Cymbidium* | 兔耳兰 | *Cymbidium lancifolium* | | | 鹤峰县屏山风景区 | HB010535LN |
| 32 | 兰属 *Cymbidium* | 建兰 | *Cymbidium ensifolium* | VU | 过度采集 | 通山县、鹤峰县、来凤县、宣恩县 | HB010609GN |
| 33 | 杓兰属 *Cypripedium* | 毛瓣杓兰 | *Cypripedium fargesii* ● | EN | 生境退化或丧失 | 咸丰县二仙岩保护区 | HB010203GN、HB010205GN |
| 34 | 杓兰属 *Cypripedium* | 黄花杓兰 | *Cypripedium flavum* ● | VU | 生境退化或丧失 | 神农架林区红坪山顶北坡 | HB010675LN |
| 35 | 杓兰属 *Cypripedium* | 毛杓兰 | *Cypripedium franchetii* ● | VU | 种群数量少 | 神农架林区神农谷 | HB010383GN、HB010406GN |
| 36 | 杓兰属 *Cypripedium* | 绿花杓兰 | *Cypripedium henryi* | | | 五峰县后河保护区/利川市佛宝山老林场 | HB010173GN、HB010174GN<br>HB010284GN |
| 37 | 杓兰属 *Cypripedium* | 扇脉杓兰 | *Cypripedium japonicum* | | | 五峰县、宣恩县、利川市、巴东县、鹤峰县、英山县、麻城市、随县、神农架林区 | HB010054GN、HB010056GN<br>HB010060GN、HB010204GN<br>HB010233GN |
| 38 | 杓兰属 *Cypripedium* | 离萼杓兰 | *Cypripedium plectrochilum* | | | 五峰县后河保护区 | HB010237GN、HB010239GN<br>HB010288GN |

续表

| 编号 | 属名 | 中文名 | 拉丁名 | 濒危等级 | 濒危因素 | 监测地区 | 监测样方 |
|---|---|---|---|---|---|---|---|
| 39 | | 紫点杓兰 | *Cypripedium guttatum* | EN | 种群数量少 | 神农架林区老君山 | HB022199LN |
| 40 | 掌裂兰属 *Dactylorhiza* | 凹舌掌裂兰 | *Dactylorhiza viridis* | | | 神农架林区板壁岩 | HB020392GN、HB022203LN |
| 41 | | 曲茎石斛 | *Dendrobium flexicaule* ● | CR | 过度采集 | 神农架林区新华镇桃坪村、五峰县后河保护区 | HB010285GN、HB010011GT |
| 42 | 石斛属 *Dendrobium* | 细叶石斛 | *Dendrobium hancockii* | EN | 过度采集 | 神农架林区老君山乌龟峡 | HB010483GN、HB010485GN<br>HB010486GN、HB010487GN<br>HB010488GN |
| 43 | | 霍山石斛 | *Dendrobium huoshanense* | CR | 过度采集 | 大别山保护区英山县桃花冲 | HB020826GN、HB020824GN<br>HB020823GN |
| 44 | | 大花石斛 | *Dendrobium wilsonii* ● | CR | 过度采集 | 宣恩县七姊妹山保护区长潭河乡后河村 | HB010023GN |
| 45 | 石斛属 *Dendrobium* | 铁皮石斛 | *Dendrobium officinale* | | | 大别山保护区英山县吴家山龙潭河谷、桃花冲十里桃花溪、利川市建南镇 | HB010823GN、HB010824GN HB010826GN、HB022217GN |
| 46 | | 单叶厚唇兰 | *Dendrobium fargesii* | | | 宣恩县七姊妹山保护区 | HB010021GN、HB010022GN |
| 47 | | 火烧兰 | *Epipactis helleborine* | | | 宣恩县七姊妹山保护区 | HB010395GN |
| 48 | 火烧兰属 *Epipactis* | 大叶火烧兰 | *Epipactis mairei* var. *mairei* | | | 宜昌市、十堰市、神农架林区 | HB010176GN、HB010272GN<br>HB010313GN、HB010492GN<br>HB010514GN、HB010522GN |
| 49 | 山珊瑚属 *Galeola* | 毛萼山珊瑚 | *Galeola lindleyana* | | | 五峰县后河保护区、宣恩县七姊妹山保护区后河村 | HB010061GN、HB010312GN |
| 50 | | 直立山珊瑚 | *Galeola falconeri* | VU | 种群数量少 | 神农架林区天雁天门垭 | HB010433LN |
| 51 | 盆距兰属 *Gastrochilus* | 台湾盆距兰 | *Gastrochilus formosanus* | | | 宣恩县八大公山大卧龙 | HB010003GT |
| 52 | 天麻属 *Gastrodia* | 黄天麻 | *Gastrodia elata* f. *flavida* | | | 五峰县、巴东县、 | HB010314GN、HB010316GN |

续表

| 编号 | 属名 | 中文名 | 拉丁名 | 濒危等级 | 濒危因素 | 监测地区 | 监测样方 |
|---|---|---|---|---|---|---|---|
| 53 | | 大花斑叶兰 | *Goodyera biflora* | | | 鄂西南各地均有分布 | HB010707GN、HB010209GN |
| 54 | 斑叶兰属 *Goodyera* | 波密斑叶兰 | *Goodyera bomiensis* ● | VU | 种群数量少 | 五峰县后河保护区 | HB020718GN |
| 55 | | 光萼斑叶兰 | *Goodyera henryi* | VU | 生境退化或丧失 | 宣恩县七姊妹山保护区后河村 | HB010649GN |
| 56 | | 小斑叶兰 | *Goodyera repens* | | | 宣恩县 | HB010517LN |
| 57 | | 斑叶兰 | *Goodyera schlechtendaliana* | | | 五峰县、宣恩县、利川市、巴东县、鹤峰县、英山县、麻城市、随县、神农架林区 | HB010048GN、HB010085GN<br>HB010114GN、HB010138GN<br>HB010157GN、HB010169GN<br>HB010819GN、HB010822GN |
| 58 | 斑叶兰属 *Goodyera* | 绒叶斑叶兰 | *Goodyera velutina* | | | 宣恩县七姊妹山保护区长潭河乡后河村 | HB010087GN |
| 59 | | 歌绿斑叶兰 | *Goodyera seikoomontana* ● | VU | 种群数量少/生境退化或丧失 | 通山县西坑村 | HB021944LN、HB021950GN |
| 60 | 玉凤花属 *Habenaria* | 毛葶玉凤花 | *Habenaria ciliolaris* | | | 宜昌董家丛水库 | HB010645GN、HB010742GN<br>HB010744GN、HB010786GN |
| 61 | | 裂瓣玉凤花 | *Habenaria petelotii* | | | 五峰县后河保护区 | HB010776GN |
| 62 | | 裂唇舌喙兰 | *Hemipilia henryi* | | | 神农架林区天生桥、松柏，房县观音洞 | HB010450GN、HB010608GN |
| 63 | 舌喙兰属 *Hemipilia* | 扇唇舌喙兰 | *Hemipilia flabellata* | | | 神农架林区新华镇至桃坪村路边，麻湾村 | HB010479GN、HB010481GN<br>HB010484GN、HB010608GN |
| 64 | | 竹溪舌喙兰 | *Hemipilia zhuxiense* ★ | | | 竹溪县十八里长峡保护区 | HB010514GN |
| 65 | 角盘兰属 *Herminium* | 叉唇角盘兰 | *Herminium lanceum* | | | 竹山县十八里长峡保护区 | HB010169GN |
| 66 | 槽舌兰属 *Holcoglossum* | 短距槽舌兰 | *Holcoglossum flavescens* ● | VU | 过度采集 | 利川市毛坪镇 | HB010004GT |
| 67 | 羊耳蒜属 *Liparis* | 小羊耳蒜 | *Liparis fargesii* | | | 神农架林区新华镇桃坪村 | HB010437GN、HB010480GN HB010482GN、HB010487GN HB010488GN |
| 68 | | 长唇羊耳蒜 | *Liparis pauliana* | | | 五峰县后河保护区 | HB010025LN |

续表

| 编号 | 属名 | 中文名 | 拉丁名 | 濒危等级 | 濒危因素 | 监测地区 | 监测样方 |
|---|---|---|---|---|---|---|---|
| 69 | 羊耳蒜属 *Liparis* | 黄花羊耳蒜 | *Liparis luteola* | VU | 种群数量少 | 五峰县后河百溪河 | HB010220GN |
| 70 | | 齿突羊耳蒜 | *Liparis rostrata* | | | 五峰县后河保护区、利川市佛宝山老林场 | HB010177GN<br>HB010315GN |
| 71 | | 长茎羊耳蒜 | *Liparis viridiflora* | | | 宣恩县珠山镇狮子关 | HB010660GN、HB010661GN HB010663GN |
| 72 | | 见血青 | *Liparis nervosa* | | | 鹤峰县、通山县、宣恩县、利川市、五峰县、长阳县 | HB010742GN、HB010223GN |
| 73 | | 裂瓣羊耳蒜 | *Liparis platyrachis* | EN | 生境退化或丧失 | 五峰县后河保护区南山 | HB020012GT |
| 74 | | 羊耳蒜 | *Liparis campylostalix* | | | 五峰县后河保护区 | HB010246GN、HB010317GN |
| 75 | 原沼兰属 *Malaxis* | 沼兰 | *Malaxis monophyllos* | | | 神农架林区板壁岩、宋洛公社盘龙片林坪冰洞山 | HB010800GN、HB012190GN |
| 76 | 鸟巢兰属 *Neottia* | 尖唇鸟巢兰 | *Neottia acuminata* | | | 神农架林区大龙潭、金猴岭 | HB010387GN、HB010388GN HB010395GN |
| 77 | | 日本对叶兰 | *Neottia japonica* | VU | 种群数量少 | 通山县九宫山保护区 | HB021937LN、HB021938LN |
| 78 | 鸢尾兰属 *Oberonia* | 宝岛鸢尾兰 | *Oberonia insularis* ● | EN | 生境退化或丧失 | 五峰县后河保护区南山 | HB010012GT |
| 79 | 小沼兰属 *Oberonioides* | 小沼兰 | *Oberonioides microtatantha* | | | 麻城市纯阳大峡谷、神农架林区老君山、通山县九宫山保护区 | HB022030LN、HB021934LN<br>HB022007LN、HB022212LN |
| 80 | 齿唇兰属 *Odontochilus* | 西南齿唇兰 | *Odontochilus elwesii* | | | 宣恩县七姊妹山保护区长潭河乡后河村 | HB010668GN、HB010669GN<br>HB010782GN |
| 81 | | 旗唇兰 | *Odontochilus yakushimensis* | VU | 种群数量少 | 宣恩县七姊妹山保护区长潭河乡后河村 | HB010653GN |
| 82 | 山兰属 *Oreorchis* | 长叶山兰 | *Oreorchis fargesii* | | | 宣恩县七姊妹山保护区长潭河乡后河村 | HB010053GN |
| 83 | 钻柱兰属 *Pelatantheria* | 蜈蚣兰 | *Pelatantheria scolopendrifolia* | | | 大别山英山县吴家山龙潭河谷、黄陂 | HB010824GN、HB010825GN HB010827GN、HB010828GN HB010829GN、HB010830GN |
| 84 | 鹤顶兰属 *Phaius* | 黄花鹤顶兰 | *Phaius flavus* | | | 五峰县后河保护区百溪河 | HB010776GN、HB010224GN HB010225GN |
| 85 | 蝴蝶兰属 *Phalaenopsis* | 短茎萼脊兰 | *Phalaenopsis subparishii* ● | EN | 种群数量少/过度采集 | 五峰县后河保护区 | HB010042GN |

续表

| 编号 | 属名 | 中文名 | 拉丁名 | 濒危等级 | 濒危因素 | 监测地区 | 监测样方 |
|---|---|---|---|---|---|---|---|
| 86 | 石仙桃属 *Pholidota* | 云南石仙桃 | *Pholidota yunnanensis* | | | 兴山县、鹤峰县、宣恩县、五峰县、咸丰县、神农架林区 | HB010043GN、HB010108GN<br>HB010162GN、HB010206GN<br>HB010435GN、HB010438GN<br>HB010439GN、HB010449GN |
| 87 | 舌唇兰属 *Platanthera* | 对耳舌唇兰 | *Platanthera finetiana* | | | 神农架林区小千家坪 | HB010216LN |
| 88 | | 舌唇兰 | *Platanthera japonica* | | | 五峰县后河保护区 | HB010102GN、HB010136GN<br>HB010271GN、HB010313GN |
| 89 | | 小舌唇兰 | *Platanthera minor* | | | 五峰县后河保护区 | HB010247GN |
| 90 | 独蒜兰属 *Pleione* | 独蒜兰 | *Pleione bulbocodioides* | | | 宣恩县、通山县、五峰县、夷陵区、利川市、神农架林区 | HB010057GN、HB010058GN<br>HB010059GN、HB010188GN<br>HB010231GN、HB010232GN |
| 91 | | 美丽独蒜兰 | *Pleione pleionoides* ● | VU | 种群数量少 | 鹤峰县木林子保护区黑湾 | HB010157GN |
| 92 | 朱兰属 *Pogonia* | 朱兰 | *Pogonia japonica* | | | 利川市佛宝山 | HB010169GN |
| 93 | 小红门兰属 *Ponerorchis* | 广布小红门兰 | *Ponerorchis chusua* | | | 神农架林区神农顶 | HB022207LN、HB022213LN |
| 94 | | 无柱兰 | *Ponerorchis gracile* | | | 五峰县后河保护区、宣恩县七姊妹山保护区、利川市建南镇 | HB020250GN、HB020206GN<br>HB021521GN、HB020249GN |
| 95 | 菱兰属 *Rhomboda* | 贵州菱兰 | *Rhomboda fanjingensis* | VU | 种群数量少 | 五峰县后河保护区 | HB010778GN、HB010781GN HB010773GN、HB010222GN HB010223GN |
| 96 | 绶草属 *Spiranthes* | 绶草 | *Spiranthes sinensis* | | | 利川市佛宝山 | HB010168GN |
| 97 | 带唇兰属 *Tainia* | 带唇兰 | *Tainia dunnii* | | | 来凤县老板沟保护区 | HB010195GN、HB010208GN HB010210GN |
| 98 | 白点兰属 *Thrixspermum* | 小叶白点兰 | *Thrixspermum japonicum* | VU | 种群数量少 | 五峰县后河保护区、宣恩县七姊妹山保护区长潭河乡后河村 | HB010001GT |
| 99 | 万代兰属 *Vanda* | 短距风兰 | *Vanda richardsiana* ● | CR | 过度采集 | 五峰县后河保护区南山 | HB010013GT |

注：CR：极危；EN：濒危；VU：易危；● 特有种。表中仅列出受威胁等级为CR、EN和VU的物种，未列出濒危因子的为易危以下的物种。

# 附录4

# 湖北省兰科植物野外调查125种图版（2020—2021年）

附图4-1　朱兰 *Pogonia japonica*

附图4-2　直立山珊瑚 *Galeola falconeri*

附图4-3　**毛萼山珊瑚** *Galeola lindleyana*

附图4-4　**毛瓣杓兰** *Cypripedium fargesii*

附图 4-5 **大叶杓兰** *Cypripedium fasciolatum*

附图 4-6 **黄花杓兰** *Cypripedium flavum*

附图4-7　**毛杓兰** *Cypripedium franchetii*

附图4-8　**紫点杓兰** *Cypripedium guttatum*

附图 4-9　**绿花杓兰** *Cypripedium henryi*

附图 4-10　**扇脉杓兰** *Cypripedium japonicum*

附图4-11 **离萼杓兰** *Cypripedium plectrochilum*

附图4-12 **金线兰** *Anoectochilus roxburghii*

附图 4-13　**大花斑叶兰** *Goodyera biflora*

附图 4-14　**波密斑叶兰** *Goodyera bomiensis*

附图4-15　**光萼斑叶兰** *Goodyera henryi*

附图4-16　**小斑叶兰** *Goodyera repens*

附图 4-17 斑叶兰 *Goodyera schlechtendaliana*

附图 4-18 歌绿斑叶兰 *Goodyera seikoomontana*

附图4-19　**绒叶斑叶兰** *Goodyera velutina*

附图4-20　**西南齿唇兰** *Odontochilus elwesii*

附图 4-21　**旗唇兰** *Odontochilus yakushimensis*

附图 4-22　**贵州菱兰** *Rhomboda fanjingensis*

附图4-23　绶草 *Spiranthes sinensis*

附图4-24　西南手参 *Gymnadenia orchidis*

附图4-25　扇唇舌喙兰 *Hemipilia flabellata*

附图 4-26　**裂唇舌喙兰** *Hemipilia henryi*

附图 4-27　**竹溪舌喙兰** *Hemipilia zhuxiense*

附图 4-28　**一掌参** *Peristylus forceps*

附图4-29　**叉唇角盘兰** *Herminium lanceum*

附图4-30　**凹舌掌裂兰** *Dactylorhiza viridis*

附图 4-31　**毛葶玉凤花** *Habenaria ciliolaris*

附图 4-32　**裂瓣玉凤花** *Habenaria petelotii*

附图4-33　**小花阔蕊兰** *Peristylus forceps*

附图4-34　**对耳舌唇兰** *Platanthera finetiana*

附图 4-35　**舌唇兰** *Platanthera mandarinorum*

附图 4-36　**小舌唇兰** *Platanthera minor*

附图4-37 **东亚舌唇兰** *Platanthera ussuriensis*

附图4-38 **广布小红门兰** *Ponerorchis chusua*

附图4-39 **无柱兰** *Ponerorchis gracile*

附图 4-40　**雅长无叶兰** *Aphyllorchis yachangensi*

附图 4-41　**银兰** *Cephalanthera erecta*

附图4-42　**金兰** *Cephalanthera falcata*

附图4-43　**头蕊兰** *Cephalanthera longifolia*

附图 4-44　**火烧兰** *Epipactis helleborine*

附图 4-45　**大叶火烧兰** *Epipactis mairei* var. *mairei*

附图4-46　**尖唇鸟巢兰** *Neottia grandiflora* var. *grandiflora*

附图4-47　**日本对叶兰** *Neottia japonica*

附图4-48　**天麻** *Gastrodia elata* f. *flavida*

附图 4-49　**黄花白及** *Bletilla ochracea*

附图 4-50　**白及** *Bletilla striata*

附图4-51　**瘦房兰** *Ischnogyne mandarinorum*

附图4-52　**云南石仙桃** *Pholidota yunnanensis*

附图 4-53　**独蒜兰** *Pleione bulbocodioides*

附图 4-54　**美丽独蒜兰** *Pleione pleionoides*

附图4-55　**短葶卷瓣兰** *Bulbophyllum brevipedunculatum*

附图4-56　**锚齿卷瓣兰** *Bulbophyllum hamatum*

附图 4-57　**广东石豆兰** *Bulbophyllum kwangtungense*

附图 4-58　**密花石豆兰** *Bulbophyllum odoratissimum*

附图4-59　**毛药卷瓣兰** ***Bulbophyllum omerandrum***

附图4-60　**斑唇卷瓣兰** ***Bulbophyllum pectenveneris***

附图 4-61　**藓叶卷瓣兰** *Bulbophyllum retusiusculum*

附图 4-62　**单叶厚唇兰** *Dendrobium fargesii*

附图4-63　**曲茎石斛** *Dendrobium flexicaule*

附图4-64　**细叶石斛** *Dendrobium hancockii*

附图 4-65　**霍山石斛** *Dendrobium huoshanense*

附图 4-66　**罗河石斛** *Dendrobium lohohense*

附图4-67　**大花石斛** *Dendrobium wilsonii*

附图4-68　**石斛** *Dendrobium nobile*

附图 4-69　**铁皮石斛** *Dendrobium officinale*

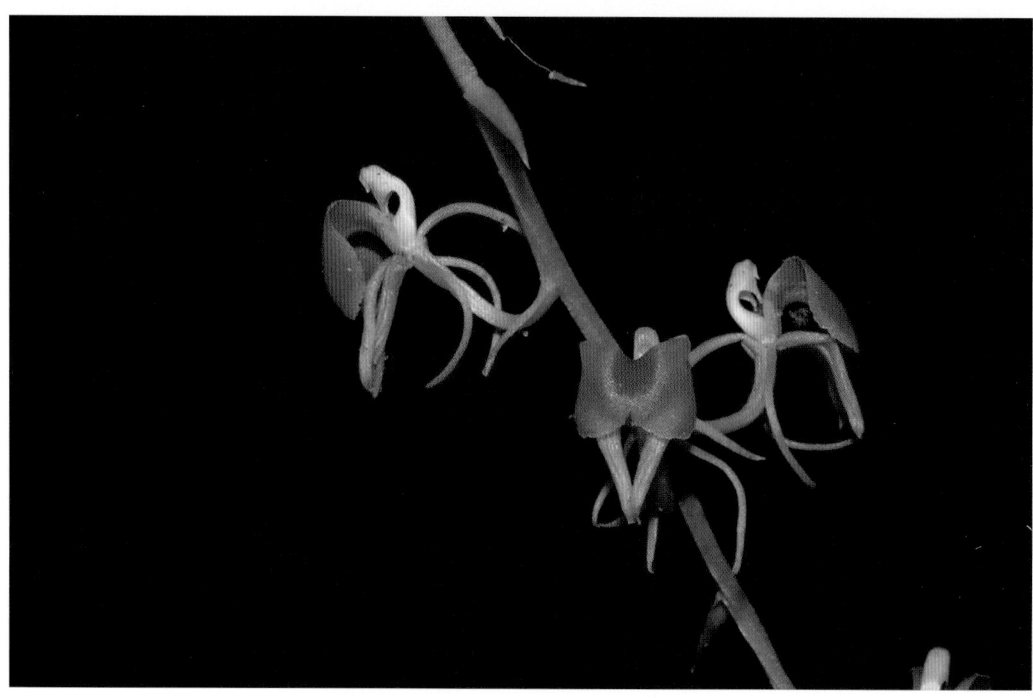

附图 4-70　**镰翅羊耳蒜** *Liparis bootanensis*

附图4-71　**羊耳蒜** *Liparis campylostalix*

附图4-72　**小羊耳蒜** *Liparis fargesii*

附图 4-73　**黄花羊耳蒜** *Liparis luteola*

附图 4-74　**见血青** *Liparis nervosa*

附图 4-75　**长唇羊耳蒜** *Liparis pauliana*

附图4-76　**裂瓣羊耳蒜** *Liparis fissipetala*

附图4-77　**齿突羊耳蒜** *Liparis rostrata*

附图 4-78 **长茎羊耳蒜** *Liparis viridiflora*

附图 4-79 **原沼兰** *Malaxis monophyllos*

附图 4-80 **宝岛鸢尾兰** *Oberonia insularis*

附图4-81　**狭叶鸢尾兰** *Oberonia insularis*

附图4-82　**小沼兰** *Oberonioides microtatantha*

附图4-83　**建兰** *Cymbidium ensifolium*

附图4-84　**蕙兰** *Cymbidium faberi* var. *faberi*

附图4-85　**多花兰** *Cymbidium floribundum*

附图4-86　**春兰** *Cymbidium goeringii* var. *goeringii*

附图4-87　**寒兰** *Cymbidium kanran*

附图 4-88　**兔耳兰** *Cymbidium lancifolium*

附图 4-89　**大根兰** *Cymbidium macrorhizon*

附图4-90　**美冠兰** *Eulophia graminea*

附图4-91　**独花兰** *Changnienia amoena*

附图 4-92　**无叶杜鹃兰** *Cremastra aphylla*

附图 4-93　**杜鹃兰** *Cremastra appendiculata*

附图 4-94　**长叶山兰** *Oreorchis fargesii*

附图 4-95　**山兰** *Oreorchis patens*

附图4-96　**筒距兰** *Tipularia szechuanica*

附图4-97　**泽泻虾脊兰** *Calanthe alismaefolia*

附图 4-98　**流苏虾脊兰** *Calanthe alpina*

附图 4-99　**弧距虾脊兰** *Calanthe arcuata* var. *arcuata*

附图 4-100　**肾唇虾脊兰** *Calanthe brevicornu*

附图4-101　**剑叶虾脊兰** *Calanthe davidii*

附图4-102　**虾脊兰** *Calanthe discolor*

附图4-103　**钩距虾脊兰** *Calanthe graciliflora* var. *graciliflora*

附图 4-104　**叉唇虾脊兰** *Calanthe hancockii*

附图 4-105　**疏花虾脊兰** *Calanthe henryi*

附图4-106 **细花虾脊兰** *Calanthe mannii*

附图4-107 **反瓣虾脊兰** *Calanthe reflexa*

附图 4-108　三棱虾脊兰 *Calanthe tricarinata*

附图 4-109　三褶虾脊兰 *Calanthe triplicata*

附图4-110　**无距虾脊兰** *Calanthe tsoongiana*

附图4-111　**巫溪虾脊兰** *Calanthe wuxiensis*

附图 4-112　峨边虾脊兰 *Calanthe yuana*

附图 4-113　金唇兰 *Chrysoglossum ornatum*

附图4-114 **台湾吻兰** *Collabium formosanum*

附图4-115 **黄花鹤顶兰** *Phaius flavus*

附图 4-116　**带唇兰** *Tainia dunnii*

附图 4-117　**高山蛤兰** *Conchidium japonicum*

附图 4-118　**台湾盆距兰** *Gastrochilus formosanus*

附图4-119　**短距槽舌兰** *Holcoglossum flavescens*

附图4-120　**纤叶钗子股** *Luisia hancockii*

附图 4-121　**蜈蚣兰** *Pelatantheria scolopendrifolia*

附图 4-122　**东亚蝴蝶兰** *Phalaenopsis subparishii*